智元微库
OPEN MIND

成 长 也 是 一 种 美 好

当钻牛角尖遇到四象限

通透青年的茫然破局指南

梁爽 | 著

人民邮电出版社

北京

图书在版编目（CIP）数据

当钻牛角尖遇到四象限：通透青年的茫然破局指南 / 梁爽著 . -- 北京：人民邮电出版社，2024.6
ISBN 978-7-115-64128-1

Ⅰ. ①当… Ⅱ. ①梁… Ⅲ. ①思维能力－能力培养 Ⅳ. ① B842.5

中国国家版本馆 CIP 数据核字（2024）第 068056 号

◆　　　　　著　　梁　爽
　　　责任编辑　　杨汝娜
　　　责任印制　　周昇亮
◆人民邮电出版社出版发行　　　　　北京市丰台区成寿寺路 11 号
　邮编 100164　　电子邮件 315@ptpress.com.cn
　网址 https://www.ptpress.com.cn
　天津千鹤文化传播有限公司印刷
◆开本：880×1230　1/32
　印张：8.75　　　　　　　　　　　2024 年 6 月第 1 版
　字数：220 千字　　　　　　　　　2024 年 6 月天津第 1 次印刷

定　价：59.80 元

读者服务热线：（010）67630125　印装质量热线：（010）81055316
反盗版热线：（010）81055315
广告经营许可证：京东市监广登字 20170147 号

钻牛角尖时，画个四象限

01

我的一位女性朋友，从自然备孕未遂，到准备做试管婴儿，每个阶段都伴随生理性的疼痛，想法也越来越钻牛角尖。

在最近的一次视频通话中，她眼眶微红地说着备孕阶段的烦恼。她明知应该保持好心情，但每次做完检查或手术，钻心的疼痛和内心的挫败，让她把牛角尖一次次地钻出新高。

生育和赚钱是她谈话中高频且纠结的词语，我试着用四象限来开导她。

我说，想象咱俩面前有一个四象限图，横坐标是生育，纵坐标是赚钱（见图Ⅰ）。

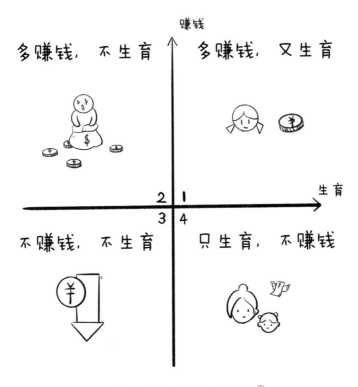

图Ⅰ 赚钱—生育四象限图①

① 本书中所有四象限图均含有主观意愿成分，读者在实际做选择时应结合自身实际情况重新绘制，打造一个仅属于自己的"人生四象限"。——编者注

对朋友来说，四个象限描述的情况各有利弊。现在完全不管别人怎么说，只需要考虑自己的情况和意愿。

第一象限：多赚钱，又生育。

我说："这是目前你要去的位置，势必面临双重压力。但从好处想，妻子会赚钱，家庭关系更稳定，将来对子女教育更有话语权。"

朋友点头如捣蒜。

第二象限：多赚钱，不生育。

我问："你想在这个象限吗？"

她答："我特别喜欢孩子，虽然因为我们双方的身体问题，自然备孕不一定成功，但我仍然想生孩子，于是就选择做试管婴儿，希望能够成功。"

第三象限：不赚钱，不生育。

这个象限我俩压根就没展开讨论，这是人生的低欲望空间，朋友显然不属于这个情况。

第四象限：只生育，不赚钱。

我说："你家里条件比较好，你又工作多年，工作能力强，存了不少钱。你的老公工作稳定，从客观上来说你具备这个条件。"

她说："我享受成功后那种自我肯定的愉悦。再说，如果以后家人发生特殊情况怎么办？"

我连忙"呸呸呸"。

朋友谢谢我开导了她，她一下子就想通了。她试着把自己分别置身于四个象限之中，明白了当下这条路对自己来说是最优选择。

我有点小开心，用四象限帮助朋友解决了一个钻牛角尖的问题。

02

PREFACE

我每次不开心，七成以上的原因都在于爱钻牛角尖。

尽管我深知，如果人不想自己快乐，怎么都能钻牛角尖；但在我遇到困难时，那种自怜又抑郁的心态，总是让我不自觉地钻牛角尖。

钻牛角尖不是深度思考，不是百折不挠；不像丰田五问法那样，连问五个为什么，找到核心问题，发现事物本质，寻求解决办法。

钻研和钻牛角尖区别很明显。钻研是用科学的方法论，完成"定义—命题—证明"的思考过程；而钻牛角尖是对一个连定义都不甚明晰的命题刨根问底，在没有答案的问题中打破沙锅问到底，在负面想象中让心情跌到谷底，在缥缈的问题中难以自拔，没有烦恼也要自寻烦恼。从结果看，钻研让人豁然开朗，而钻牛角尖会把自己逼到墙角。

钻牛角尖，会毁掉人的睡眠和食欲，把辛苦保养好的身体和容颜打回原形，任由情绪野火烧向身边人。明明是自己表现得像与全世界为敌，却还觉得自己弱小又无助："为什么没人来关心我？为什么世界如此不公平？"

刘慈欣的《三体Ⅲ：死神永生》中有这样一个场景：宇宙中的高级文明向太阳系发送了二向箔，太阳系从三维空间向二维空间跌落，变成了一幅画，太阳系中的一切瞬间消失了。

这个情节提醒钻牛角尖的人注意，我们的想法正在跌落到一维，并且向某个极端无限延伸。这个时候，要想办法让想法升维。如果将想法从一维升到二维，那么我的眼界将会变得辽阔，内心也会感到快乐。

四象限就是我的反向二向箔。

03

我是个四象限控。

我在中学的数学课堂上学过四象限方面的知识，工作以后，当我忙到三头六臂都不嫌多时，我实践了史蒂芬·柯维（Stephen Covey）的时间管理四象限法则（"重要—紧急"四象限）。他真厉害，在一团乱麻中抓住了两个线头，并搭建出一个坐标系。使用由此展开的四象限，能在谈笑间，让大事小情"灰飞烟灭"。多年以后，高效能人士具体要有哪 7 个习惯我记不清了，但他提出的四象限法则我铭记于心。

后来，当我被繁杂的情绪打得浑浑噩噩、一片混沌时，我试着搭建四象限，靠它终结我的混乱，帮助我厘清头绪。随着坐标箭头的延伸，我的格局逐渐打开，很多问题各归各位，变得清晰无比。

我在深圳工作时，有段时间我总钻牛角尖：我的业务这么熟练，工作那么拼命，为什么领导不给我涨工资？我当时一直抱着求而不得的怨念，抱怨领导慧眼不识人，抱怨他们看不到我的功劳和苦劳。工作的不顺让我又生气又沮丧，准备跳槽。这时，我在《领导梯队》一书里看到一个四象限法，它将员工按照意愿和能力分为四个象限，每个象限对应不同的领导策略（见图Ⅱ）。

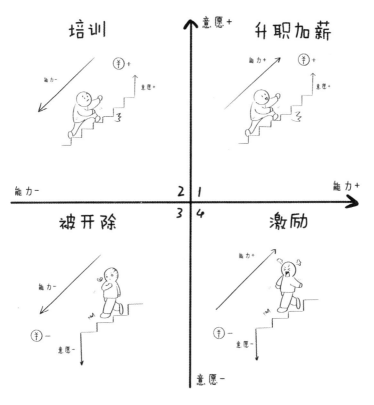

图Ⅱ 员工意愿—能力象限

　　我一看，我的处境好像是在第四象限。领导对我只有激励，说明他认可我的能力。我需要提升意愿，才能抵达第一象限。于是我决定再争取一次，实在无法改变再跳槽。我提醒领导，有项业务存在风险，并主动要求由自己来排查并做整改，希望领导可以抽调几个人配合我完成该项目。后来，我的职位便随之上调一级，季度奖金的涨幅也很可观。四象限法则又发挥了它的威力。

　　最近十年，我白天上班，晚上写作，收入高了却不开心。这时，是"高薪—高兴"四象限解救了我（见图Ⅲ）。当我心情不好时，

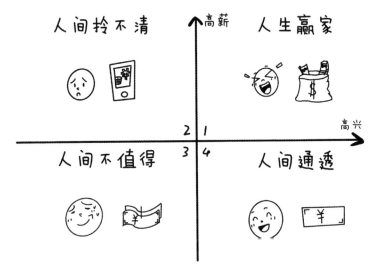

图Ⅲ　高薪—高兴四象限

我就会先在四象限中找自己的位置，再对照目标象限，这样下一步该怎么做，我就心中有数了。

产后，我和婆婆有段时间相处得不太愉快，是"你好—我好"四象限救了我。我的主要矛盾是觉得自己不够好，我不是要跟婆婆"斗"，而是要让自己变得更好。

我们办公室来了一位新同事，他讲话过于武断，和他讨论业务我会生气，和他聊新闻我也会抓狂。我叮嘱自己，对待他说的话，我应左耳进、右耳出。当他找我讨论问题，让我气血上涌时，"你对—我对"四象限可以快速降低我的血压、抚平我紧皱的眉头。我在我对他错、我错他对、我俩都错、我俩都对的四种情况中过一遍，再回到原点，发现同事的话并不重要。

除了帮助我，四象限还帮助过我的朋友和读者，比如帮助身心俱疲的朋友变得身心轻盈。

有段时间，我痴迷于四象限，开始接受四象限咨询，便有多位读者给我发来或长或短的"小作文"。

比如，某位未婚姑娘向我倾诉男友的家境、性格以及两人相处的情况，还有双方父母的态度，问我她要不要和男友结婚。我帮她将最在意、最纠结的两个要素提取出来，画出一个分析类的四象限，最后帮姑娘打开了新思路。

再比如，某位职场妈妈向我诉说她生了龙凤胎后，因为又要工作又要带娃，她变得焦头烂额、自顾不暇。虽然老公、爸妈、婆婆也一起照顾孩子，但同时也产生了消耗。看到她在字里行间流露出的疲惫和不满，我帮她画了一个罗列类的四象限，每个象限分别写上老公、婆婆（她公公在老家工作，没来他们的城市帮忙）、她妈和她爸，列出四位"助手"带娃的态度和方式，各自能为孩子和职场妈妈提供什么，各自耗损了什么，局面从一地鸡毛变得一目了然，助她制定了与四位"助手"间不同的沟通策略和相处方式。

在我心里，四象限是钻进牛角尖后首选的逃生工具。

有一本书叫《为什么精英都是清单控》，我认为"为什么不钻牛角尖的人是四象限控"；有一本小说叫《忧伤的时候，到厨房去》，我认为"钻牛角的时候，去画四象限"。

钻牛角尖、死心眼、想不通、内心不平衡，这就像一个人沿着一条隧道挖来挖去，却怎么都找不到水、看不到光，寻不到出路。这时，我们应该暂停一下，启动头脑中的基建狂魔，锁定问题的奇点，找到重要的维度，向前挖、向后挖、向上挖、向下挖。

然后挖出一个四象限，将问题或方法分成四类，分区展开，问题方能迎刃而解。

很多人总感觉心烦意乱，千头万绪，一筹莫展，仿佛置身于一片朦胧多变的不安、难以名状的愤怒中。而四象限控们则可以随着四分的视野，完成自我定位、角色推演、动态评估、极限分析，让自己的视野更开阔、想法更清晰、做法更聪明。

04
PREFACE

由于四象限一次又一次地救我于水火之中，我对它的兴趣日渐浓厚，于是对它寻根问祖。

四象限的创立人是笛卡儿，就是说出"我思，故我在"这句铿锵有力之语的法国哲学家和数学家，他被誉为"近代哲学之父""解析几何之父"。

笛卡儿有上午11点起床的习惯，有一天，一只苍蝇在他家屋顶乱飞，灵活变换歇脚位置，普通人可能只想把恼人的苍蝇赶走，但笛卡儿想的却是：如何精确地给这只苍蝇定位。

他家的天花板是使用木条横竖交叉着建造的，他选择屋角作为原点，只要数清沿东西向经过几格天花板，沿南北向经过几格天花板，就能给苍蝇定位。

只要选定原点和两个方向，用两个数就能给平面上的点定位，这就是笛卡儿坐标系，也就是直角坐标系。有了笛卡儿坐标系，几何和代数有了联结，解析几何领域诞生，几何向高维、抽象、弯曲空间的方向迅猛发展。

横轴和纵轴垂直相交，交汇点为原点，把二维平面分为四个区域，即四个象限，按照逆时针方向，以右上方为始，以右下方为终，分别为第一、第二、第三和第四象限。

四象限从数学中脱颖而出，向各行各业渗透，衍生出多种应用。

有人将它运用在商业分析上，如波士顿矩阵，用"市场占有率"和"销售增长率"这两个指标，把公司产品分为四个象限，帮助企业管理层决策。

有人将它运用在医患关系上，用"对疾病治疗的影响"和"对社会稳定的影响"这两个维度，把医患关系分为四个象限，帮助医院管理层支拙。

有人将它运用在心理咨询中，咨询师借助情绪四宫格开展工作，在一张白纸上画出四个格子，让咨询者通过书写或绘画的方式，在四个格子里梳理自己的情绪。第一格是情绪评估，量化情绪体验；第二格是情绪事件，探寻情绪的原因；第三格是资源整合，挖掘正向资源，调整情绪；第四格是情绪新状态，是写给自己的话。运用情绪四宫格，可以取得良好的心理治疗效果。

有人将它运用在语文教学中，老师针对学生没有表达欲望的困难，提出四宫格写作法，启发学生根据主题发散出四个要素，形成四宫格，学生将每个格子中的内容补充完整。这样不仅能帮学生厘清思路，还可以促使学生对主题进行深度思考。

四象限思考法因操作容易、身段灵活、表达直观，除了应用于企业战略、市场营销、心理咨询、时间管理等方面，还应用于许多其他领域，譬如林业、气象信息服务业、旅游业、科研项目的开发投资、图书馆服务质量的管理、环境影响评价等。

05
PREFACE

我这本书，主要用四象限或四宫格来解决钻牛角尖的问题。我把它们分为以下两个大类。

1. 分析性四象限

当你脑子一根筋或一团乱麻时，找出两根线头——或是你最在意的两个因素，或是最矛盾的两个指标，锁定横轴、纵轴，让两个维度进行两两交叉重叠的结合，碰撞出四朵火花。先精细分类，抓住主要矛盾，解决主要问题；再四思而行，精准施策，拥有面对繁杂事情的判断标尺，将有限资源投入最需改善的环节。驱散脑中迷雾，消除负面情绪，让视野清晰，让脚步坚定。

2. 罗列型四宫格

当你眉毛胡子一把抓、遇事无差别焦躁、经常性拎不清、想法缠绕而凌乱时，可以用四宫格罗列法激活思维，优化思路，有的放矢。它兼顾了全面和重点，可以具体问题具体分析，可以把解决问题的步骤具象化，还可以用来做读书笔记、规划日程、做对选择，给自己提供情绪价值。

有人说："四象限让我们看到尽头、看到极限、看到分类，看到形形色色的跃迁和下沉，学会接受自己。"

欢迎来到这个四象限 / 四宫格自选超市，请允许我这个小导购，向你推荐 25 款四象限或四宫格，驱散脑雾，厘清矛盾，理顺生活。你可以根据你此刻的处境和心情，选你所需，到什么山头唱什么歌，遇到什么情况画什么四象限 / 四宫格。

今后，当你钻牛角尖、心理失衡、格局狭窄、一头雾水时，不妨画个四象限，列个四宫格吧。

别钻牛角尖，人生是旷野。

目 录
CONTENTS

第一章
通透青年的自我修养

　　该努力就努力，该放松就放松，未经审视的努力不值得人付出，未经审视的放松也不能真正使人轻松。通透青年应在该努力时努力，在该放松时放松，不以受害者自居，不以受苦者抱怨。

01-

笔记四宫格：
看书多少无所谓，笔记必须高配

不同的书有不同的阅读方法，也有不同的做笔记方法。

我热爱做读书笔记，从纸面笔记，到电子笔记，再到语音笔记。经过多年实战，我有两点经验想分享给大家。

1.要么就不做笔记，不重要也不紧急的消遣书不必做笔记。

2.要做笔记就做好，看不如说，说不如写，写不如画。

有的书文笔优美，观点亮眼，我会做摘录笔记。以前我是将金句摘抄在笔记本上，随着阅读量越米越大，我为了方便以后检索，便开始做语音笔记，也就是朗读金句，将其转成文字并打印出来，贴在笔记本上。

有的书逻辑严密，实操性强，我便会做图文笔记。例如，用时间轴梳理先后节点，用鱼骨图整理流程进度，用思维导图总结内容要点。

我这个四象限（四宫格）控现在很想试试用四宫格来做笔记是什么样的体验。

这个想法产生时，我正在看辩手胡渐彪的新书《松弛感》。胡老师的逻辑性比较强，我在读这本书时，脑子里形成了一个又一个的四宫格笔记，它们一会儿排列成手拉手的并联结构，一会儿嵌套成俄罗斯套娃结构。有诗云"大珠小珠落玉盘"，我则是"大小四宫格落纸上"。

以《松弛感》为例，我将该书的主要内容归纳如下。

保持松弛感不是态度问题，不是感觉问题，而是能力问题。

松弛感是一种状态，状态由三个评价相交而成：对所处环境的评价，对自身能力的评价，对自身行为的评价。

对所处环境要看得透，才能做对决策，认知和判断是做对决策的基础。

认知的四只眼睛：本质之眼、因果之眼、框架之眼和定位之眼。

判断的四种类型：事实判断、审美判断、框架判断和定位判断。

要保持松弛感，一要有解决问题的办法。我会把困扰翻译成问题（困扰让人焦虑，问题明确目的），看清问题本质（这个问题不解决会有什么后果，这个问题为什么会发生），挖掘实质路径（罗列问题成因，确定哪些不容易去除），创造超越期待的击穿效应，分四步解决（拆解前提，按擅长路径设计解决问题的具体方案，梳理过程节点和重要客户，进行颅内彩排）。

二要有时间掌控力。避免时感失准（猜时间）、排列失序（要事优先）、节奏失控（三段式：第一段，一气呵成，完成目标；第二段，切换大脑，做别的事；第三段，修改完善，形成终稿）。

三要有精力。有脑力（专注，限定决策时间）、心力（理性覆盖感性）、体力（保持休息时间）。

对自身行为，要能喜欢。有四种类型的热爱者：优越型、成长型、趣味型和使命型。

密密麻麻的文字如果用图文表示会更一目了然（见图 1-1）。

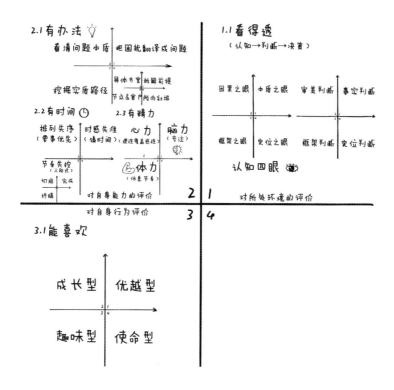

图 1-1　保持松弛感，是一种能力

以前的我应该会用思维导图来做笔记，但这次我用了四宫格笔记法来做笔记。因此，我发现了使用四宫格笔记法做笔记的很多好处，也尝到了很多甜头。

（1）对眼睛友好

有段时间，我和一家公司合作做读书会，每本书都配有思维导图来帮助读者理解、记忆和复盘。有的思维导图很长，像是补充细节后的长目录，我常常看不进去，其他人也和我有类似的感受。

随后，我与团队商量缩短思维导图，围绕图书的中心议题，延伸出内容。这样一来，缓解了阅读压力，读者的接受度确实提高了，但思维导图看着还是有些凌乱。

从那时起，我就在心里种下了一颗小种子：我想探索更直观、更轻松的做笔记方法。

我觉得四宫格笔记法做到了直观和轻松，它把一本书的要点集中在四个小块中，区块分明，格局清晰。

我们可以用成语来形容"用眼睛看"这个行为，例如四处张望、左顾右盼、上下求索、上下打量……四象限笔记法可谓对眼睛极为友好，让人一目了然，乍一看就能掌握全局，细看又能发现亮点。

（2）对脑容量友好

麦肯锡全球董事合伙人李一诺曾提出"五六个人原则"，就是不管你正处于一个什么样的环境——学校、职场或家庭，你周围的五六个人构成的微环境对我们的影响远远大于宏观环境，所以我们要重视、挑选和管理的就是这五六个人。

同样，我觉得大部分书需要抓取的重点基本也就三四个而已，重点再多就难以被大脑记住了。

很多领导在发言时会说："下面我说三点。"宝洁公司的报告书将要点归纳为三个；麦肯锡的思维模式——金字塔结构，也是把内容浓缩为三点。四宫格法与"三点法"相比，还多了一个备选空间，体例刚刚好。

其实，四宫格还可以轻松进行空间扩展，两个四宫格相连就是六宫格，三个四宫格相连就是八宫格；或者再多加一条横线或竖线就能变成六宫格，多加两条横线或两条竖线变成八宫格，多加一条横线和一条竖线变成九宫格。多加不算"违建"，而且便于空间延展。

也许有人要说，笔记做得那么全面，真的有必要吗？

详细的笔记对写书的作者、做书的编辑、讲书的老师、备考的学生来说更能起到作用，而对于其他人来说，笔记确实无须做得太详细，因为费时费事又费力。

今年搬家时，我翻出了二三十本读书笔记，翻着翻着我很是感慨：当时做笔记花了很多精力，但现在很多也都束之高阁了，搬家时还会变成"累赘"。

密密麻麻全文字的手写笔记，写的时候累，事后看起来，大脑也不易兴奋，且心中易暗生排斥。

四宫格里的四个空间，就是留给自己筛选的余地，要进入某个宫格的内容需要一定的门槛，像是原创性的洞见、颠覆性的新意、给我新知和启发的观点；而那些我已经看过的、翻新外立面的、人云亦云的、大而无当的就省略掉，抓重点、挑要点、留新点，抓取三四点足矣。如无必要，不扩空间，遇到非加不可的精华内容再特事特办。

我不需要像学生时代一样，把老师的板书全部抄下来，将时间全部花在抄笔记上，这会压榨我思辨和实践的空间。

四宫格可以延伸，但边界明显，倒逼我开动脑筋，提炼重点，在眼、手都不累的情况下，在脑容量有限的基础上，把书从厚读到薄，把效果读到最佳。

（3）对理解友好

比四宫格更复杂的四象限有横轴和纵轴，哪怕单纯列好各个象限中的内容，出于条件反射你也会花上几秒，看看能不能归纳出横纵坐标轴的关键词。

这个意识会让你考虑各象限内容的区别和联系，感受作者思维中串联、并联、嵌套的节点，站在高处俯瞰全景。你会对书中某一问题理解得更到位，印象更深刻。

（4）对行动友好

2022 年年底，身体好转后我开始跟风做八段锦。我跟着视频有样学样，但不知道自己的动作对不对，效果好不好。于是，我报了一个知识付费课，边听边做笔记，用了两个四宫格完成笔记。

我记得有一节叫"五劳七伤往后瞧"，虽然这句口诀已经足够清晰明了易操作，双手向后翻、左右交替瞧，这就完成了，但是我还是很困惑。

直到我在四宫格笔记的某一格里，写清楚五劳是什么，七伤又是什么。

五劳是五脏的劳损，为人为事过度操劳，容易伤心；生气、过于劳累、压力大，容易伤肝；饮食不规律、吃寒凉的食物，容易伤脾；外受风寒、吃太多辛辣食物，容易伤肺；熬夜、寒冷、惊恐，容易伤肾。

七伤是七情的损伤，所谓七情，就是喜怒忧思悲恐惊，喜伤心、怒伤肝、思伤脾、忧伤肺、恐伤肾。一个正常人，七情一天要轮值好几回，谁知道哪个情波动大了，就会把自己伤着。

好的，我肯定五劳七伤了，怎么办呢？很简单，双手由大拇指带动，像拧毛巾一样向后扭动，充分旋转，这样就有效刺激了肺经、心经和心包经这内侧手三阴，以及大肠经、小肠经和三焦经这外侧手三阳。

双肩用力往后夹，刺激了人体重要的穴位，就是成语"病入膏肓"里的膏肓穴，据《医经》中记载，膏肓穴有缓解五劳七伤的作用。

如此做完笔记，我才知其然，更知其所以然。它既给了我紧迫感，又给了我轻松化解难题的满足感，更让我有了执行动力，执行得也更有效果。后来再感觉自己被累到、被气到时，就算没有专门做八段锦，我也会双手后翻，用力夹膏肓穴。

网上有很多有用的知识，但我们只是收藏，很少认真学习；书上也有很多实操指南，但我们看看就忘。我们每天接受大量信息，然而很多并没有真正派上用场，没有在生活和工作中产生价值。

笔记没有形成学以致用和用以致学的双循环，做这样的笔记，只有苦劳，没有功劳。

当你带着问题和目标，去寻找一些实操型、方法论强的书时，要不停地寻找。一本书解决不了自己的问题的话，就换另一本，直到找到合适的。

如果想在做笔记时省略一些你光看就不想做的步骤，可以用读书 GPS 法则［即确定目标（goals）、要点（points）、步骤（steps）］来做行动笔记。在四宫格里，第一格列明目标，第二格列明要点，第三格列明步骤，空白格可以记录一些备忘事项、反馈或心得。也可以直接在四宫格笔记中标色或画圈，提醒自己尝试这个，试用那个，将笔记转化为行动。

在我看来，四宫格笔记法既能纵览全局，又能聚焦细分；既能增进理解，又能转化行动。如有时间，不妨一试。虽然四宫格笔记法好处多多，但我也不敢宣称它无所不能，对于其他笔记方法，我也没有贬损之意。每种笔记方法都有自己的优点和局限。

蝴蝶图，适合表达正反意见；鱼骨图，适合辅助因果分析和展示项目进展；韦恩图，适合辅助比较分析；金字塔图，适合概括总结；思维导图，适合罗列重点、考试复习等。

四宫格笔记法比较适合偏向实操性、干货类、逻辑性、体系性、接地气的内容，不太适用于考试内容，因为考试考的是被大部分人认可的重点，覆盖面广；也不太适合鸡汤文、美文、散文。

看完一本书，你可以花 10 分钟整理一下四宫格笔记，我确定这样看书有翻倍的效果，只是不确定能翻几倍。

02-
读书四象限：
默默刷新读书方式，然后惊艳所有人

我搬了新家后，陆续请好友来家里温居。很多朋友一进门，看到我把客厅隔出三分之一，放置书柜，柜高直顶天花板。

他们纷纷好奇，问我："这么多书，你看得完吗？"

我笑着说："就是喜欢读，有什么办法。"

毕竟"书中自有黄金屋，书中自有颜如玉，书到用时方恨少"的道理古今中外都通用。

可能在别人眼里，这是一面墙、一排架的书柜，但在我眼里，这是一个读书四象限。

史蒂芬·柯维描述的重要—紧急四象限法，初衷是用来进行时间管理的。谁能想到，远在大洋彼岸，与他年纪相差50多岁的我，竟用这个四象限来解决"这么多书，怎么看得完"的难题。

史蒂芬·柯维把事分为重要且紧急的事、重要但不紧急的事、紧急但不重要的事、既不紧急又不重要的事。而我抽象意义上的书架，就是一个横坐标为紧急，纵坐标为重要的四象限图（见图 1-2）。

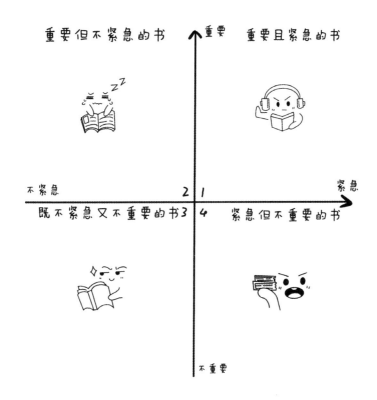

图 1-2　我的书架"四象限"

第一象限：重要且紧急的书。

第二象限：重要但不紧急的书。

第三象限：既不紧急又不重要的书（可读可不读）。

第四象限：紧急但不重要的书（缺少的赶紧补）。

在此，有必要说明一下我对重要和紧急的定义。

因为每个人的生活不同、所处的阶段不同，书在四象限中的位置也有所不同。这里的"重要"是指对我的整个人生很重要，事关我的命运，对我的三观、人格、认知、志趣、研究领域有重大影响的书。这些书可以帮助我解决认识自己、认识世界的问题，可以淡化我的性格弱点；对我的后半生而言有一定价值，比如帮我赚钱、提高气质、变美、变得更健康等。

"紧急"就是对我人生的中短期阶段来说很重要，但过期就可有可无的书，比如能帮我解决当下的难题，助我考取资质或谈下客户，对有明确截止日期或时效性强的项目有帮助。

现在看书的人似乎越来越少，就算看也往往都在看"紧急"的书。例如，学生为了备考读相关的辅导书，员工为了工作读与业务相关的提升书。

尽管爱看书就已经是闪着光的优点了，但我还是想多为"重要"的书美言两句。

菲利普·津巴多教授有个时间观理论："决定命运的不是性格，而是你独一无二的'时间人格'。"他把时间观分为积极和消极两种。

如果你是消极的过去时间观，原生家庭、心理自助、治愈特定阴影的书可能对你来说重要；如果你是消极的现在时间观，生活美学书、励志书和名人传等，可能是你的重要之书。

一本书重不重要，要结合自己的人生阶段和个人追求来看。在恋爱时，讲亲密关系的书重要；有了孩子后，讲培养孩子的书重要；对我来说，网络小说只是既不重要又不紧急的消遣，但对于网文作者、影视编剧来说，就是重要且紧急的内容。

我以我的读书四象限举例。

第一象限：重要且紧急的书。

就时间人格来说，我的时间观属于积极的未来时间观。我提倡自律和长期主义的生活观，有关生活方式、兴趣爱好的书及故事书对我来说很重要。如果我有段时间状态不好，比如精神绷得太紧，身心枯竭，容易上火，容易发脾气，这时对我来说重要且紧急的书就是心理调节类的书，因为状态调整十万火急。

假如我要写一本育儿书，在截稿日期前，我要查阅的书当然是重要且紧急的。假如我要写的一篇公众号推文是对于热点事件的看法，要查阅的书则属于紧急；但如果这篇文章在我下一本书的计划之内，那就属于重要且紧急。

但其实对我来说，育儿书都是重要且紧急的，因为孩子的成长存在敏感期、关键期。例如我女儿出生后，我买的有关"半岁怎么做辅食""1岁怎么护理""2岁怎么陪玩"等主题的书都是时效性强的重要书，我要做到尽量少让将来的自己后悔，让女儿健康成长。

这一象限的策略：对于重要且紧急的书，我会选择自己头脑明晰、思维活络的高效时间段，把自己暂时设置成"免打扰状态"，用心精读，读完及时完成笔记。

第二象限：重要但不紧急的书。

经典文学作品便属于这一类。小时候，我被家长和老师鼓励要多看经典文学作品，但因为我不太了解生活，又没多少阅历，是读不懂经典文学作品的。人到中年，我才慢慢读懂这类书，并感到相见恨晚。

还有那些事关一生的功课，比如提升修养、提高审美、优化生活方式的书，以及关于人类从哪里来、要去哪里的哲学书。这些书虽然重要但不紧急，因为我总认为来日方长，能拖就拖，拖到最后很多书都没去看。

读重要的书的目的，不仅在于解决眼下的问题，而更在于当你被生活打回原形且陷入泥潭时，你仍然有一股内在的力量。如果你经常读重要的书，久而久之，会出言有尺度，玩笑带分寸，做事留余地，选择更恰当。

这一象限的策略：对于重要但不紧急的书，要定期读。根据自己的时间表，忙的时候少看几页，不忙的时候多看几页。尽量用心阅读，多花时间感悟，甚至可以多读几遍，你会发现自己每读一遍都会有新发现和新感受。

第三象限：既不紧急又不重要的书。

这类是指让我穿越时空、忘记现实的书，例如都市小说、科幻小说等。对于这类书，我要么难以进入剧情，要么一旦进入就容易入迷，忘记时间。其实这类书一开始确实能给我提供情绪价值，但每次入迷后需要花大量时间阅读，影响了我的正常生活，所以我就特地把它们拖拽到第三象限。

我看书习惯划重点、记笔记，其实很多书不需要这么做。看第三象限的书时，我会提醒自己放下纸笔，好好感受故事情节。既然要消遣，就应该专心致志地消遣。

或者我就干脆不读这个象限中的书。读书虽好，但选择也很重要。有位资深创意老师曾总结道，大多数处于创作瓶颈期的人都阅读成瘾，宁可拾人牙慧，也不愿自己动手写点儿东西出来。

对这一象限的书的策略：限制时间，避免沉沦，提醒自己打开"防沉迷系统"，享受阅读体验，无须过多思考，或者安排"阅读轻断食"。

第四象限：紧急但不重要的书。

当我感觉自己的某一"支线任务"遇到障碍物或障眼法时，我要么上网搜索，要么到书店或图书馆搜寻多本同一主题的紧急书，然后集中看、对比看、找锦囊、扫清障碍物、破除障眼法，就像每次运行得好好的程序卡住了，赶紧找到适配的插件，下载使用，渡过难关。

工具书、说明书、辅导书、参考书，被我归为这一象限的书。

高考、省考和国考这类考试的辅导书很重要，但考试通过之后，相关的书就不算重要了。有些书一看书名就很紧急，例如我产后买了月子期间养护、新生儿护理方面的书，令我印象最深刻的是《产后 6 周定终身》这本书。因为月子中不宜用眼过度，出月子后，我基本只剩下两周的时间，因此这本书对那时的我来说就是很紧急的。我拿到这些书后，挑选阅读与我实际情况吻合的痛点和建议，等产假结束后，就又把这些书挂在二手网站上转卖了。

紧急的书，不用整本看完，也不用逐字逐句去读，而要带着强烈的目的去读，可以一目十行地跳读；等我的"雷达"探查到距离答案不远时，再打起精神来仔细精读。找到答案后，带着答案或方案，跳出书本，融入生活。

我在气头上时，会赶紧看一本笑话大全，以转移注意力。

我在失业或失恋时，会赶紧找一些点对点的书把心情先稳住，例如内容是"不上班终于有机会做的 30 件梦想小事""治愈失恋让内心饱满的 50 个小妙招"，然后找几件应景又好实施的事浅试一下。

对这一象限书的策略：带着问题去读，辅以思维导图、时间轴等工具加强理解，时效过去后，转卖或送人，把空间让给重要的书或其他紧急但不重要的书。

对于重要的书，我要向大家分享语音读书笔记的做法。在本篇中，我介绍了四宫格笔记法，但根据我的经验，重要的书，深深打动我的不只是里面的框架和信息，还有一些闪着人生智慧光辉的语言。

作为一个获得过印象笔记"笔记进步奖"的人，我来介绍一下自己的最新方法。这个方法适合阅读量大，喜欢做纸质笔记，且笔记中以金句为主；又想把做笔记的时间最小化，查阅资料时快速定位，习惯重看笔记并常读常新的人。

（1）在读重要的书时，边看边划线标记。

（2）全书读完后，打开录音类 App，朗读画线部分，趁着记忆新鲜，书还在手边，零拖延地修改错别字，订正重要数据、人名等信息。

（3）购入便携式打印机，里面装有不干胶热敏纸，把 App 记录修改后的内容，复制粘贴到与打印机相关联的 App 上，连同书封面的照片，一并打印出来。

（4）另找一笔记本，先贴上书的封面，再把笔记内容剪成适合笔记本的大小，贴在笔记本上。

这一笔记方法对重要的书来说十分有效，通过一遍精读加一遍朗读加深印象，在笔记做好后，我常常翻阅书中的精华。

但热敏纸上的字相较普通纸张，更容易出现褪色的问题，存放地的温度尽量不要高于30℃，尽量避免暴晒、按压、弯曲，或者直接用普通纸张打印，装订成册。

我在想象出一个读书四象限后，面对不同的书，我采用不同的阅读策略，有的放矢地放大阅读效能。这样才能让我的阅读结构更合理，对海量书籍毫无畏惧；更能合理安排时间、精力及相对应的阅读方法，兼顾紧急和重要的书的阅读比例。

这样做还加快了书架的吐故纳新速度，对重要的书，例如经典文学书，我会买不同译本收藏；而对紧急的书，例如时效性强的书，我读完就会送人或转卖。因此，家里书架上的书便不会像滚雪球一样越来越多，我也不会有压迫感，而是充满新鲜感。

我对用来读书的钱都会花心思规划。虽然阅读比起其他爱好的花费要少很多，但如果你确实要省钱，就尽量买重要的书，而紧急的书可以租或借，也可以从二手书电商交易平台上购买。

书是传播知识和智慧的重要媒介，但不是唯一媒介，哪怕你不是像我一样的纸质书爱好者，你也可以套用读书四象限的做法，好好管理自己的资源、时间和头脑空间。

刷新读书方式，惊艳时光，惊艳自己。

03-
成事四象限：
做一个"事多不压身"的成年人

PART 1

这几年我给自己的任务是，努力把事情拆分为"事"和"情"。我会先引两块玉，再抛自己的砖。

第一块玉就是前文提到的史蒂芬·柯维的重要—紧急四象限，他把事分为重要且紧急的事、重要但不紧急的事、紧急但不重要的事、既不紧急又不重要的事。相信很多人都了解这个四象限法则。

我以前有份工作的部分内容是做驳船调度，每天驳船高频往返，重要—紧急四象限是我不可或缺的工具之一。快到的船舶动态就是"紧急",甲方要求的或经理强调的船舶动态就是"重要"。每天我手中的一二十条驳船的动态会有条不紊地分布在我的四象限中,在忙乱中长出秩序。没有它,我的工作很可能忙中出乱,乱中出错。

换工作后,刚开始我对业务不熟,总是感觉一团乱,这时使用重要—紧急四象限对我也有很大帮助。后来,我的常规任务比较固定,偶尔有急事也可根据截止时间来安排,重要—紧急四象限就淡出了我的工作舞台。

我经常写有关时间管理的文章,曾有读者找我探讨,到底什么工作任务是紧急的,什么是重要的,什么是既不重要又不紧急的。

在我看来,四象限就是解决以上问题的工具。看一个工具好不好用、适不适用,如果用了以后问题更清晰简洁,那就用;如果引入的概念反而使自己更费解,整体更耗时,那就换,反正工具多的是。工具的使命在于简化和服务,而不是设置条条框框后让人画地为牢,把自己框住、绑住、困住。

第二块玉是李一诺的选择—策略四象限,我谨记于心,经常使用。她把事情分为四类。

第一类是不重要的选择,策略是"怎么做都可以"。

对于生活中不那么重要的选择，比如今天穿什么衣服，吃什么工作餐、在哪里吃，这些怎么做都可以，我不会在这些事上耗费精力，会欣然地接受和体验。

不过，每个人不重要的事可能天差地别，比如上文提到的穿什么衣服，对一个穿搭博主来说就很重要；工作餐吃什么，对一个美食博主来说就很重要。我们需要根据自身情况进行选择。

第二类是没有办法选择的事情，策略是"全然接纳"。

生活中，遇到无奈在所难免，对于很多暂时无法改变的事，我们索性接受就好。不要纠结，你的不接纳只会让自己带着怨气和怒气，让自己发挥失常、状态不佳。这样既不能解决问题，也会让自己变成问题的一部分。我们可以在接纳事实的基础上，该做什么做什么。

第三类是比较确定的事情，策略是"学习和复制"。

生活和工作中的大部分事情，很多人已经做过了，我们不需要标新立异。例如参加一场考试，做一个常规项目，在这些事情上我们学习和复制就好，不需要与众不同，选择安全和保守的方案就可以。在装修房子时，基础装修就是复制惯用做法，之后在确立风格时再发挥审美和创意。

第四类是不确定性比较大的事情，策略是"与众不同"。

相比于前三类，这类事情的时间占比少，发生的概率低，但它可能会给你带来深远的影响。李一诺做的几次选择就属于后一类，例如开一个公众号，离开麦肯锡公司加入盖茨基金会，对她来说，这些就属于与众不同的策略。

2
PART 1

多备几个四象限有备无患，还可以补充我们的工具箱，强化战斗力。我的自创武器之一便是以想做的事和必须做的事为坐标轴，来画属于我个人的四象限。

第一象限：想做又必须做的事。

我会用精力充沛、效率高的时段来做这类事，充分调动物力、财力、人力的资源。在做这类事时，对我来说，重要性、意义感和愉悦性三者皆有，很容易进入心流。走出心流后我会觉得很过瘾，相较之下更容易做出成果，感觉这一天收获满满。

这个象限是人生的基本盘，能把"得做"和"想做"做好，责任便尽到了。但反过来，如果没做好，心理挫败感和自我怀疑感也会加强。

但世间没有那么完美的契合，很难刚好出现你要做的就是你想做的事这种情况。一种路径是给自己赋予使命感，觉得自己是天选之人，不得不做；另一种路径是给自己赋予愉悦感，让自己哪怕是在不得不做的事情中，也可以寻找喜悦感。

第二象限：必须做但不想做的事。

有些工作任务、生活琐事，例如职场纠纷、房屋漏水等，我听到就烦，但人在职场身不由己，生活琐事由不得我。

这个象限中的事我们尽量不要带着情绪去做，要像一个没有情绪的机器人，因为如果我带着情绪（多半是烦躁的情绪），那么我就容易把事情处理得很糟糕。这样一来，糟糕的结果又会再次打击我：我怎么连这点事都做不好。于是，我需要花时间、找方法，不停地给自己做心理建设。

我的写作搭档庆哥有件事情处理得很精彩。之前她的身份证被别人盗用来开公司，警察找她去警局做笔录，请她配合调查。

事后，她和我说这件事时非常心平气和，而我听得火冒三丈。她和我说："没什么。大千世界无奇不有，警察肯定会调查清楚的，我不会因没做过的事受罚，再说这是难得的人生见闻，可以作为写作素材。"

她在处理突如其来的无妄之灾时，没什么负面情绪。她不急不躁，心中安稳，有一种置身事外的冷静和清醒，还试图从宏观层面消解怨念。

她的做法比我说的不带情绪处理的策略更厉害，直接把第二象限转化成第一象限。

除了不带情绪的处理方式，对于不想做但必做的事，我们可以学习走捷径，例如一个数据处理和分析的工作交给你，你可以考虑用编程或办公软件自带的高级功能轻松处理，这样你也能早点完成任务。

不要拖延。我每次出书时，出版社都希望我找图书推荐人，说实话，我一个素人作者，学术圈的人都不认识我，让人家为我背书也是难为别人。每次都要拖到最后，我才把早已编辑好的信息发出。我很少拖延，但找图书推荐人是我的拖延重灾区。其实我只要在信息中介绍自己和图书，讲明不推荐也无妨就好，不如主动联系，早点做完。

如果生活中长期充满必须做的事，那么你就要看看必须做的事是否能减少、压缩、优化，同时增加兴趣、爱好等体现自我意志的事，不然很可能在不久的将来产生情绪上的爆发、关系上的冲突。

第三象限：不必做又不想做的事。

很多人被困在这里而不自知，明明自己还有事，不想帮别人，但碍于面子只能答应。这时，如果进一步确认这事不必做又不想做，我们可以拿出勇气，拒绝别人。

如果一件麻烦事可以不做，而且不做的收益远大于去做的收益，例如让一个不熟的人理解你的某个生活习惯，那么这类事情便可以不做。

如果你长期"内卷"[①]，导致生理上排斥做某事，意愿上提不起兴趣，就尽量停下来，心无挂碍地休息，不因"躺平"[②]而自责，不因"佛系"[③]而愧疚，让自己恢复元气。

这个象限在我看来是暂时象限和转机象限。

[①]　网络用语，指在不必要的事情上耗费大量精力，导致不想看到的坏结果出现。——编者注

[②]　网络用语，指无论对方做出什么反应，你内心都毫无波澜，对此没有反应或反抗。——编者注

[③]　网络用语，指一种无欲无求，不喜不悲、云淡风轻而追求内心平和的生活态度。——编者注

说它是暂时象限，是因为保持这个状态久了，你既不需要做什么，又不想做什么；别人对你没要求，你对外界没期待，时间长了，你可能率先受不了，会主动找点事做——或者做自己想做的事，或者做帮助别人的事。

说它是转机象限，是因为在忙乱中清空自己，你会想清楚什么对自己重要，自己接下来要做什么。

以前我会觉得不用管这个象限，但不管容易产生麻烦。

例如对于健康，健康的人意识不到健康的珍贵，觉得那些养生保健的事情不是自己现阶段必须做的事情，有太多有趣好玩的事更让自己跃跃欲试。

我妈妈长年坚持练八段锦，每次邀约我一起练习，我都拒绝，我说等我退休再练吧，八段锦自带中老年人气质。可是当我真的去尝试时，发现又不累又舒服，顿觉相见恨晚。

你可以做一些轻巧、易上手、易操作的试试看，以一周或半个月为最小单位，这样便于降低畏难情绪，也更易坚持下来。

这一象限，进可攻退可守，你进可尝试，退可拒绝。

第四象限：想做但是不必须做的事。

在某个综艺节目里，有人曾说世界上有三种人："宁有种乎"彼可取而代之"和"应如是"。

我理解这三种人的想法，都出于不同的动机："宁有种乎"出于不甘和愿景，"彼可取而代之"出于不满和兴趣，"应如是"出于自信和使命。

看到别人做，觉得好奇、有趣、心痒，认为自己说不定能做得更好，触发内心的想做，心动就马上行动，观察、模仿、琢磨、改进，等待或创造机会。原本大可不必去做的事，但自己就是想试试看。这种情况下最能出成功者。

我会定期找一类影片去看，例如《遗愿清单》《最后的假期》等，电影主要讲述的就是好端端的人突然遭遇疾病，然后花光积蓄，去做自己真心想做但一直没做的事，这类电影非常触动我。

我常常会跟我老公说，等退休了，我们可以找一个慢节奏的城市，租一间房子住个一年半载。那时，我就不那么忙了，有时间写小说了。这些人生中想做的事，总在没时间、没精力、上有老下有小中被推迟着。

另外，等我退休，我是否真的能如自己所愿那般有钱有闲有精力？所以，对于想做的事，不要拖延，要把想做的事拆成小事。长篇小说没时间写，我可以构思短篇小说；写小说没时间，我可以先看小说找灵感；在一个城市定居半年，对现在的我而言不现实，那就周末去周边城市转转，再说我们居住的城市也有很多美丽的景点。尽量去见想见的人，做想做的事，说想说的话，去想去的地方，少留遗憾。

我常常听身边的人说"我很忙，我很烦"，但仔细观察他们手头正在做的事，我发现他们似乎把所有事都一视同仁，把"烦"这种情绪平均分配给了每一件事。扑面而来的事情，就像刚从烘干机里拿出的衣物，互相缠绕、皱皱巴巴。其实只要把这些衣物分类整理好，就会整洁许多。事也如此，把事分到想做必做区、不想做但必做区、不想做又不必做区和想做但不必做区，你会发现问题将简单很多。

成事四象限，让我有一种身处电影中的感觉，哪怕许多纷繁复杂的事迎面扑来，我也可以像《黑客帝国》中的基努·里维斯那样，既能从容地躲开四面八方射来的枪林弹雨，又能出招必胜。把事分门别类，做事有章法，才能事多不压身。

04-
日程管理四宫格：
你珍惜自己的一天，就是珍爱自己的一生

1
———
PART 1

我非常喜欢使用笔记本，很早就开始用各种笔记本写待办事项，列备忘清单了。我每天都在笔记本上写计划、打钩、备注，自得其乐，乐此不疲。

毫不谦虚地说，市面上流行和冷门的笔记本，我基本都用过。一年使用三四种不同功能的笔记本，只是我的基本操作。

笔记本各有各的用法。

每日计划本，每年起始是年度愿望和上一年度总结；每月起始是月度展望和上月复盘；每日一页，待办清单区可以写要事，

备注区可以畅所欲言。

习惯养成本，按时间长度划分，有 21 天、一个月、100 天或一年，我可以在不同的时间长度里，列明想养成的习惯，每日用涂色或打钩的形式完成打卡。

健康计划本，用于记录睡眠时长、心情指数、早晨体重、睡前体重、饮水涂鸦表、运动项目、饮食记录、心情小记等。

精致修炼本，前面几页记录美妆产品囤货信息，之后有当月护理重点、本周护理要点，以及起床和睡觉时间，早起护肤、化妆，睡前护肤、身体护理，备忘和复盘等内容。

头脑风暴本，我常常采用 PDCA[①] 法，将页面分为四个区域，分别对应计划、执行、检查和处理部分。

富兰克林本，我在每周罗盘栏中分别对身体、知性、精神、情绪方面写目标、定计划、做执行，在每周待办栏中强调优先级排序，用指定符号指代完成、后移、删除、委任和进行中等状态。每日页中左下方是以半小时为分度的时间轴，右下方是自由书写的小方格。

---

① 即 Plan（计划）、Do（执行）、Check（检查）和 Act（处理）。——编者注

此外，旅行本、心情本……应有尽有，在此就不赘述了。

用了很多笔记本，我发现，每一种笔记本，都针对某一个侧重点，是某一种时间规划观的具象体现。

刚开始，我会跟着笔记本设计的风格和习惯来做日程规划。后来，自己的风格和诉求日渐觉醒。前几年我设计了一款自律本，把独家习惯转化成易量化的指标。

此后，我便一直充当自己的设计师，制作了包括充实学习、高效工作、开源节流、时间管理、自律生活等25款清单模板。

有段时间，我明显感到秩序感缺失，便给自己设计了九宫格日程管理法。根据当下需求，确定支撑自己的九个维度。我常用的九宫格里包括：写作、学习、育儿、饮食、休息、保养、新知、体验和灵感（见图1-3）。

后来，我准备大干一场，高效创作输出。我选择了富兰克林本，这款笔记本聚焦做事进展，自由发挥空间较大，是一本半自助的笔记本。

用了两个月，我发现左下区的时间轴经常空着，于是，我将这个时间轴区变成了三个纵向排列的四宫格，开启了我充实又轻松、严肃又活泼的一年。

写作	学习	育儿
☑修改九宫格·配图 ☑次条排版	☑听书 ☑上改稿课（没时间）	☑Ca ☐女儿似乎也心情不太好
饮食	休息	保养
☑早：蛋·奶·肉 ☑午：虾·鸡肉·饭 　加菜 ☑晚：菠菜·洋葱蛋 ☑买菜：蛋·土豆 （没菜了，明天线上买）	☐夜间睡眠7h16min 　昨晚看电影 ☐午间睡眠34min ☐心情有点焦虑	☑乌丝素×2 ☑头皮护理 ☐跳绳×2000
新知	体验	灵感
☐爬山算法 ☐听新闻点评	☐上班，一人干三个人的活 ☐人还可以戴着口罩睡觉	☐我想到《流浪地球》的飞船派和地球派，人们永远有自己的想法

图 1-3　九宫格日程管理法

2

PART 1

我的日程管理重点是外形颜值[1]和精神颜值。

外形颜值，就是后文要提到的保养四宫格中保养的四门功课，广义的有"睡眠—饮食—运动—心情"四宫格，狭义的有"发—肤—眼—体"四宫格。这节我想介绍精神颜值上的"输入—输出"四宫格。

精神颜值＝输入四宫格＋输出四宫格。

输入分为"听—看—读—感"。

听，是用耳朵吸收的精神营养，包括线上音频课程、育儿讲座、有声书、读书会、广播剧、冥想引导词、播客、音乐、当天与身边人聊天后特别有共鸣的观点、家人说的话等。

看，是用眼睛吸收的影像养料，包括电影、电视剧、综艺节目、纪录片、学习视频、网上课堂、短视频、线下展览等。

读，是用眼睛读到的图文信息，包括看纸质书、电子书、公众号的图文等，每天都应该读点什么，街上的广告标语、购物详

---

[1]　网络用语，有容颜、容貌的意思。——编者注

情海报也算。

感，是五感沉浸式感受自我和环境，关注一些生命体验给我们的感觉、感受和感想，例如在小区发呆，去海边冥想，听场线下脱口秀，上成人芭蕾课，静静看着女儿睡着，看女儿和小朋友交流等。

听—看—读—感的顺序，是我经过深思熟虑选择的排序，难度从易到难，重要性从轻到重。对于罗列型四宫格，我有个默认的倾向，即第一宫格是开局之地，是首发阵容，是第一印象；第四宫格肩负着归纳、升华的重任，全面、重要的在此坐镇。

我一般会在前一天晚上或当天早上，条件反射般地先搭建好输入四宫格的框架，并把当天想做或要做的事，以清晰精练的词条形式书写进去。

下面请允许我找个"日子样板间"，演示一下输入四宫格的写法。

"听"宫格。我最近在参加一个情绪疗愈的线上课程，于是我就在这个宫格注明课程名称。我午睡醒来后会做10分钟的冥想，我就在这个宫格注明冥想主题。喜马拉雅上"耳界"的3D环境减压冥想是我近期最喜欢的，它由3D声音空间定位技术制作而成，有海洋、花园、湖泊、草原、田野等场景，我听完经常感到心情愉悦。

"看"宫格。最近工作忙、写作任务重、带娃累，我就在这一宫格下看幽默搞笑的短视频，或看一集肥皂剧，因为我急需多巴胺快乐。平时我基本每天都会给自己安排一段多巴胺快乐时间和一段内啡肽快乐时间，如观看儿童教育规划视频或慕课、博雅课堂等课程类视频。

"读"宫格。以前阅读是我最重要的输入渠道，每周两本书的阅读量，让我开心又充实。有孩子后，如果不见缝插针，不刻意为之，我可能真的没时间静下心来读书了。我现在阅读量远远低于从前，所以更要在质上下功夫，方法之一就是用四宫格做读书笔记，或在"说"宫格中复述或讲述内容。

"感"宫格。现代人在可支配的时间中，常常沉迷手机，越是这样，我们就越要重视"感"，这对于观察能力、选题能力、提案能力、情绪调节力、心理承受力都有很大好处。原先我的"感"一般发生在周末，例如全家一起去海边、牧场、公园，家人带着孩子玩时，我便赶紧趁机"感"一下。后来我把"感"作为单列项，落实率变得更高。坐车时我专心看云卷云舒，回家前在楼下椅子上坐 10 分钟，晚上倒垃圾时看一会儿星空，大脑放空地骑动感单车，走路时观察路人表情，等餐时听听食客聊天，闭目欣赏一段爵士乐，陪女儿跑闹到酣畅淋漓……开启感知，刻意正念，这些不同的场景，让我感受力增强，触摸到真实生活，像珍惜礼物一样珍惜每一天。

有次看《十三邀》，许知远采访北大教授钱理群。在一天的采访结束后，钱老邀请许知远到他家楼下散步。钱老闻花香、观植物，沉浸在楼下小小的自然环境里，如数家珍地说这棵树开花了、那棵树结果了。当他发现摄影机一直在拍他时，他提醒摄影师拍植物，别拍自己。

钱老和许知远一起坐在小区的椅子上。钱老陶醉地介绍说，就这么远远地看那些树叶，好像没动，但仔细一看，它们都在动。许知远趁机感慨，像不像我们的历史，今天看是一动不动，但它们都在微动。钱老却说，千万不要想那些，就是专心感受。

输入四宫格帮助我成为一个精神上更丰盈的人，让我获得快乐。就算我忙到没时间把日程写在笔记本上，输入四宫格也早已像思想钢印般，打进我的脑海。

早上提前计划，只是提醒而已，不是硬性规定。晚上抽空记录时，有增减，有替代，我会在计划后标明进展符号，写上关键词，如输入内容的章节、观点、状态。

当我定期回看笔记本时，我发现这样做至少有三个好处。

第一，优化输入内容。有时我看太多短视频，晚上什么也想不起来，时间像是无端被偷走了。于是，我会找兼顾专业性和趣味性的书。看了太多严肃的书，我会看些轻松的内容。我把每天进食的精神食粮配比调整得既科学又令我幸福。

第二，启发选题灵感。看书后记下关键词，说不定某个关键词让我有话要说，在输出的"画"宫格里画个思维导图，一篇文章的提纲就产生了。

第三，反馈到保养四宫格。看太多，眼睛宫格需要倍加呵护；读太多，头发宫格应当有所作为。

尼采说："不蜕皮的蛇只有死路一条。人类也不例外。若是抓着旧思想的皮不放，人便会从内部开始腐化，不仅无法成长，还会迎来死亡。要脱胎换骨，就必须让思维也进行新陈代谢。"（出自《尼采的心灵咒语》）

越是记录输入四宫格，你越能获得灵感、掌控感、获得感，也能知道今天没白过，晚上睡觉时会比早上起床时聪明一点。在更长的时间维度上，它帮助你减少了焦虑，增加了从容。

3

PART 1

输出分别是"写—说—录—画"。

你可以选择仅自己可见的私密输出，也可以把自己的见闻、认知、感想、洞见，以利他的角度分享出来，或帮别人少走弯路，或帮别人减少信息差，或安慰鼓励别人，或让人轻松一笑……你的输出内容可以是专业的，也可以是有趣的，用自己擅长的输出方式，加入自己的独特风格。

内容输出常见的三种方式是写、说、画，此外还有其他表达方式，如借助舞蹈、形象、书法、乐器等。

就我自身而言，我的输出宫格是"写—说—录—画"。

"写"宫格。这是我最重要、最重视的输出方式。我坚持早起，用一天心最安静、脑最活跃的时段来写作，每天最多写2000字，最少写500字。

"说"宫格。最近十年，不知道是因为我定居北方，身边人太善于聊天，让我更喜欢听别人说；还是因为我写作太多，表达能力此消彼长，我的口头表达能力下降得厉害。我觉得我一写作就条理清楚，一说话就逻辑不够清晰。我很少对写出的文章感到有遗憾，但常常对说出的话感到后悔。

于是，我有意识地锻炼口头表达能力。说有趣的故事给女儿听、说小说情节给老公听、说电视剧剧情给我妈听……但大多数情况下，我是自言自语，说一下当天的行程安排、说一篇文章的主线大纲、说一本书的读后感、说个热点新闻并陈述自己的看法、说当下的情绪安抚自己……这样做原本是为了提高口头表达能力，结果收获了多重惊喜：这样不仅有助于女儿成长，还有助于我厘清大脑中的纷繁思绪。忙的时候，我会用说代替在本子上写，常和自己对话，这样我也能更懂自己、更爱自己。

"录"宫格。我以前短暂地拍过短视频，觉得拍一个视频，哪怕不发到社交平台上，也可以放大地看到自己说话时的谈吐、表情、语气、眼神、肢体动作，可以帮自己有则改之、无则加勉。现在我经常录语音，例如录一本读书笔记、录一个突发灵感、录一段写作素材，并将语音录入的内容转为文字，有需要就马上修改，暂时没需要就放在一边。

录和说二者有重叠部分，但又各有不同。录可以字正腔圆地练习朗读，录音转成的文稿可供未来使用，说则更加随意。

"画"宫格。我接触到的不少插画师会把作品发在网上，这样做既能获得满足感，又能获得收入。而我的画，主要是一些思维导图、四象限图，帮我读书后总结、写作时列提纲、纠结时梳理思绪。它们是让我从沉重混沌走向轻盈清晰的桥梁(见图1-4)。

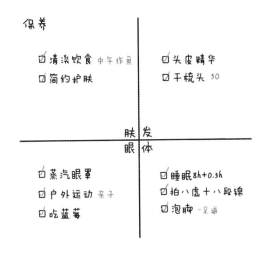

a) 保养

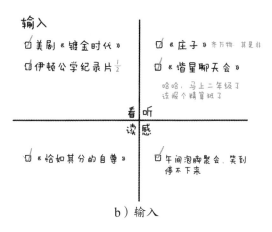

b）输入

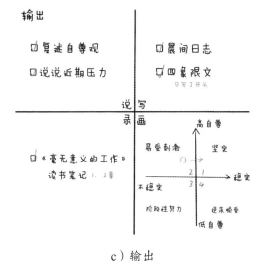

c）输出

图 1-4 作品示例

4

PART 1

"日子样板间"的一天就是这样的，其实不要硬逼自己每一天都过得像"样板间"一样。在我成为妈妈以后，孩子突然生病、工作加急加难、写作临近截稿，每一种情况都可能使我没办法悠然自得地在笔记本上画上日程管理四宫格，但四宫格已经印在我的脑海中，不用写在纸上，也能图文并茂地浮现在我脑海里，像框架一样稳住我，像灯塔一样照亮我。

近年来有个网络流行语叫"口嗨"，形容光说不练假把式、说到做不到的行为。贬义归贬义，旁人也能感受到说话者说的时候那种忘乎所以、极为过瘾的状态。

日程管理四宫格可以看作"写嗨"，仅仅在纸上写，我就能预知到快乐，计划时"嗨"一次，落实时"嗨"一次，复盘时还能再"嗨"一次。这种快乐驱使我成为一名纸上组织者，更重要的是，让我学会珍惜自己的日常。

每天三个四宫格，就能支撑起我的一天。我越来越敬畏记录的力量。电视节目制作人达伦·哈迪说："为什么奥运会的教练能拿到高薪？因为他们记录下运动员每一次锻炼，消耗的每一卡路里，摄入的每一种微量营养素。所有获奖者，都是记录者。"

有个词叫"飞轮效应"，指为了使静止的飞轮转动起来，一开始你必须使很大的力气，一圈一圈反复地推，每推一圈都很费力，但是推每一圈的努力都不会白费，飞轮会转动得越来越快。

当你以输出带输入，以输入促输出，学以致用，用以致学，并把输入四宫格、输出四宫格与保养四宫格相结合时，你会感受到整个人的方方面面，都像飞轮般转起来，由慢变快，命运的齿轮也随即转动。

05-
精力管理四象限：
管住嘴、迈开腿，做"三好"成年人

我体检被查出二尖瓣中度反流，医生建议我不要进行剧烈运动；又因我办卡的瑜伽馆倒闭，我这几个月更是基本没有运动。再加上我的厨神老爸来给我们改善伙食，在一番"宽进严出"下，我的臂、腰、腹的"存在感"愈发强烈。

"管住嘴、迈开腿"的横幅，自动在我的脑海中悬挂起来。这句大道至简的口号提醒我，这三个月我之所以体重狂飙，正是因为我身在管不住嘴、迈不开腿的象限。

我知道，要做精力好、状态好、身体好的"三好"成年人，最好守在管住嘴、迈开腿的理想象限。

有问题，找四象限。因此，我画了个身材管理四象限（见图1-5）。

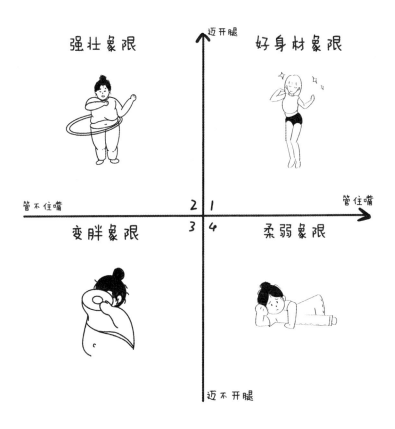

图 1-5　身材管理四象限

第一象限：管住嘴、迈开腿。

第二象限：管不住嘴，迈开腿。

第三象限：管不住嘴，迈不开腿。

第四象限：管住嘴，迈不开腿。

身在第三象限的我，想轻松有效地抵达第一象限，是先走第二象限，还是先走第四象限呢？

2
PART 1

我的心脏被查出二尖瓣上有条 2 毫米的缝隙，在要不要手术的问题上，有朋友建议我，如果决定要手术，首选北京的阜外医院。于是，我开始重点关注这家医院。看了阜外医院的心脏康复医生冯雪写的《冯雪科学减肥法》，我有个意外的发现：作为心脑血管疾病权威的阜外医院，在减肥方面的成功率高达76%。

冯雪医生说："如果把身体比作水箱，这个水箱三进四出。三个进水管，分别是碳水化合物（以下简称"碳水"）、蛋白质和脂肪。四个出水管，依次是基础代谢、睡眠、消化吸收食物时的耗能及运动和体力活动的耗能。减肥就是降低水箱里的水位，在摄入和消耗之间，持续打造能量缺口。"

管住嘴（管嘴），管的是什么？是热量摄入。迈开腿（迈腿），迈的是什么？是热量消耗。我将基础代谢、睡眠、消化吸收食物时的耗能、运动和体力活动的耗能，称为迈腿四宫格。

管嘴四宫格减迈腿四宫格，能量为正值，说明有盈余，此时人就会发胖；能量为负值，说明有缺口，人就会变瘦。

3

PART 1

机位拉近，给管嘴四宫格一个特写（见图1-6）。

碳水的转化率较高，让人开心，不能不吃，但吃多不行。

蛋白质的主要来源是肉蛋奶，有条件的话你可以选优质蛋白。

脂肪的转化率最高，吃多少存多少，难消耗，身体先消耗蛋白质也不消耗脂肪。

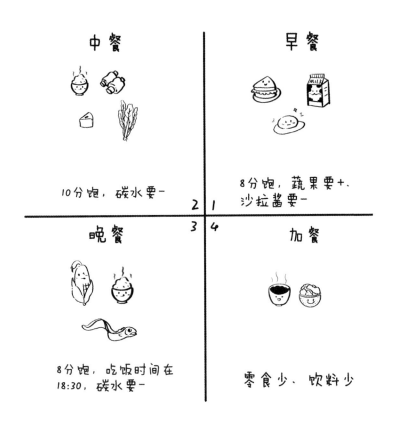

中餐

10分饱，碳水要－

早餐

8分饱，蔬果要＋、
沙拉酱要－

晚餐

8分饱，吃饭时间在
18:30，碳水要－

加餐

零食少、饮料少

图 1-6　管嘴四宫格

在实际操作中，我发现按照营养类型来做，管嘴四宫格很难落地，因为很多食物三种营养成分都包含了。于是我改成了：早餐、午餐、晚餐和加餐四个宫格。

趁我还在减肥热情期，我专门拿出时间，把一天中所有吃喝都列在相应宫格中。记录数日，我就发现问题了。早餐碳水多，中午吃得过撑，晚饭吃得太晚，早午晚以碳水为核心，加餐是情绪化进食。这也解释了我的体检报告上蛋白质低于正常值的原因。

后来忙起来，我仅记录早餐种类，这关系着我一天的大部分蛋白质摄入、午饭吃几分饱、晚饭的时间和碳水量。我对比过记录与不记录的饮食情况，不记录的话我会无意识地投入碳水的怀抱，情绪化进食的概率更高。

4

PART 1

机位转换，给迈腿四宫格一个特写（见图1-7）。

基础代谢，是人在静止状态下，维持生命的最低热量。我测出来的值是 1336.6 千焦，还算不错。低碳生活、增加肌肉，都可以增加基础代谢。

睡不好、睡不够，身体会分泌饥饿激素，让人胃口大开。睡太多又减少能量消耗。只有睡得刚刚好，身体才能分泌瘦素和生长激素。

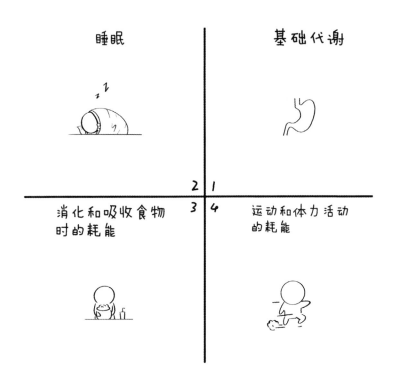

图 1-7 迈腿四宫格

消化吸收食物时的耗能，有操作空间，但不多。多吃蛋白质，身体消耗它，需要多耗能。

运动和体力活动的耗能，可操作空间很大。日常的体力活动会让我有种为生活所迫的被动，运动则会让我更有掌控感。

5

PART 1

回归身材管理四象限，先看第二象限——管不住嘴，迈开腿。这是我每次减肥的惯用路径。

有临床研究发现，在减肥人群中，将单独饮食控制组和单独运动组进行对比。结果是单独饮食控制组的效果比单独运动组好。单独运动而不控制饮食，减肥效果便很难达到。因为运动消耗的能量其实没有我们想象的多，骑半小时单车消耗的热量，喝一瓶雪碧就抵消了。

再看第四象限——管住嘴，迈不开腿。管住嘴更有效，但对我来说更难。

煮面前：这点不够吧？煮完后：好像煮多了。

我控制不住自己吃很多碳水，特别是在过节的时候。

《饮食术》一书的作者牧田善二说："现代人无意识地过多摄入糖类，已经达到接近中毒的水平。"

怎么管住嘴？我试过很多方法，都被我排除了。

记卡路里——排除，我没那个耐心。

少吃多餐——排除，我没那条件。

数字进餐——排除，有点自欺欺人。211（2 拳蔬菜，1 拳蛋白，1 拳主食）、减糖 433 饮食法（每日摄入的碳水占 40%、蛋白质占 30%、脂肪占 30%），对于我这个会把米饭像寿司一样捏紧压实吃进嘴里的"碳水爱好者"而言，作用十分有限。

明星减肥食谱——排除，没必要，我又不做明星。

按汤、蔬菜、蛋白质、碳水的顺序进餐，我尽力了，后来顶多前两三口吃蔬菜和肉类，然后回归以碳水为核心，其他都是配菜的局面。

尽量吃天然食物。蔬果能吃新鲜的就别吃加工的，能吃粗粮就别吃精加工的。哪怕优质，也得控制。

尽量找能量缺口。先减夜宵，再减含糖饮料，再减零食，热量缺口还不够大就减正餐里的碳水化合物，循序渐进地减。感觉肚子不饿了的话，可以马上涂唇膏，或把用过的碗筷放进水槽里。

尽量摄入优质碳水，但再优秀的碳水，也不要吃太多。

尽量减少情绪化进食。现代人压力大，经常"废寝"，但从不"忘食"。大家总说，没有什么垃圾情绪是不能用一顿垃圾食品安慰的。人在负面情绪积累过多时，吃东西是为了发泄情绪，这样容易暴饮暴食。

如果意识到自己是情绪化进食，可以试试"三口进食法"。人们往往只在吃前三口时保持极大的热情，之后就属于惯性进食。三口之后，感知自己的饥饿程度和情绪，不想吃就停下来。一瓶价值 3 元的可乐，第一口的价值是 2 元，第二口和第三口的价值是 1 元；继续喝，可乐就要向你的身体征健康税了。

管住嘴的要义是，在每天适合自己的总热量中，选择营养密度高、最接近天然、食材多元化的食物结构，减少过剩糖脂的空热量。

6
PART 1

这次我先管嘴，管到一定程度后，再迈腿。

记录管嘴四宫格，吃更多蛋白质，吃更少碳水，家里的可支配零食少了，前三口吃蔬菜和肉。

先选择让自己不痛苦的管嘴方法，然后迈腿。迈腿也是先选择轻松的方法。

看了多位专家学者的理论后，我选的迈腿方法是在跑步机上爬坡走，坡度设为 14% ~ 16%，速度 4.5km/h 左右，心率保持在

110 ～ 129 次 / 分。锻炼时，我不听歌、不想事，只专心走。我收紧核心、注意呼吸、甩开手臂，时不时地看智能手表上显示的数据控制速度，别让自己走出心率区间。

一周测一次体重和维度，评估方法的有效性也能给自己一些正反馈。目前我坚持了半个月，效果不错，得到的正反馈足以反哺生活和情绪。

我对自己有两点期望。

第一，在赚钱方面，不要做高认知穷人。

第二，在减肥方面，不要做高认知胖人。

06-

保养四宫格：
做一个脏腑健康的成年人

1
PART 1

有段时间，我因为一颗痘，引发了一场"血案"。起因是我团购了一个猫山王榴莲，本想全家一起分享，没想到这个人怕上火，那个人闻不来。我在哀叹众人没口福中全部吃下，第二天下巴长了一颗大痘。

一开始，我挤完痘后，没当回事，照样吃香喝辣。可就是这颗痘，挤了又长，越长越多。

自乱阵脚的我，一下忙着换清洁产品，一下忙着清除痘印，买了几种面膜，换了几种精华液，跟着短视频博主服用祛痘保健品。意识到自己在家搞不定后，我赶紧去了医院。医生给我做了针清[①]，刚做完针清的那几天，面对几乎不洗脸、完全不化妆的素颜，外加下巴未脱落的血痂，我连照镜子的勇气都没有。

一颗痘，能引发一场"血案"，也能触发一场反思。我想到航空界关于飞行安全的"海恩法则"：每一起严重事故的背后，必然有29次轻微事故和300起未遂先兆，以及1000起事故隐患。

我在复盘中检视之前发生的一切。最近我压力过载，无辣不欢，把牛奶当水喝，日光防护系数（SPF）50+的防晒霜涂得太厚，用没消毒的细胞夹捏白头，女儿的头发经常碰到我的下巴，床品更换不够勤快……而最大的"嫌疑犯"便是我过度护肤，短时间内频繁更换护肤品和保健食品的种类和品牌。我发现，过度护肤并不能让我的皮肤变得更好。

此后的两周，我完全恪守极简护肤的原则。除了医院给我开的修复液，我什么都不涂，不涂防晒霜也不涂粉底液，在家少照镜子、少碰脸。出门时我会戴防晒帽，戴能照顾到眼角的防晒口罩，在露天场合一律撑起防晒伞。

---

① 一种局部治疗痤疮的辅助手段。——编者注

我发现极简护肤省时省事，早上用清水洗脸，然后只涂一层成分简单的修护乳液，看天气预报说紫外线极强才涂方便清洁的防晒霜。晚上无须完成烦琐的卸妆步骤，直接用洗面奶洗脸，再涂层乳液即可。

除了极简护肤，我还特别注重饮食。我尽量远离"辣麻""油炸"食物和"发物"，不喝牛奶，如果实在忍不住，就喝几口无糖酸奶。尽量多睡、多躺、多闭目养神。我的皮肤很争气，新痘一颗没长，老痘痘印渐淡。

照镜子也给我带来了惊喜感。由于硬防晒①做得好，皮肤没被晒黑。下巴上的血痂脱落后，粉红色的新皮慢慢退红，向正常肤色靠拢。毛孔阻塞的情况锐减，黑头和白头少了很多，毛孔细致了一些。肤色整体更均匀，气色也更红润。以前背上偶尔长痘，现在洗澡时感觉背部十分光滑。

---

① 通过物理硬件遮挡太阳光的防晒方式。——编者注

2
PART 1

很多行业的人，爱用四个字来总结行业功课。例如相声界有四门功课——说、学、逗、唱；中医界有四门功课——望、闻、问、切。

我在健康和保养方面也有四门功课——发、肤、眼、体，分别指代健康和颜值中我最关注的头发、皮肤、眼睛和身体这四个方面。

在过度护肤的日子里，我的"肤"宫格满溢。敷面膜、用清洁产品、吃保健品、喝胶原蛋白……时间精力有限，"肤"宫格一家独大，其他宫格乏善可陈。

皮肤过度保养，危害超出想象。正如《极简护肤》一书中，医生张娟指出的那样：大部分人护肤品越用越多、越用越贵，皮肤却越来越糟。因为很多人都相信，当皮肤出现问题时，就应该通过使用护肤品来解决问题。过度清洁、过度营养、过度更换、过度护理，这些看上去为皮肤好的各种护肤方法，到最后反而成为皮肤问题发生的原因。

护肤的根本是学会相信皮肤，在做任何一个护肤决定前，深刻地感受皮肤是否需要，让护肤回归到皮肤本身，而不是一味地外求于护肤品。

我发现，护肤和育儿真的很像，你什么都为孩子做了，结果你很累，孩子很烦，孩子的自驱力和主动性被你剥夺了，因为你不曾真正相信孩子。护肤也是，你什么都为皮肤做了，结果是皮肤正常的生理功能被抑制，你付出了时间和金钱，皮肤却在你的付出中变得脆弱、敏感，甚至爆痘或过敏。

3
PART 1

在一场钱花了、罪遭了的局部毁容中，皮肤给我上了三节课。

（1）原则比各种方法重要一万倍

如果你的方法和原则都是对的，那么方法产生的效果是线性的，而原则产生的效果却是复利的。

美国效率工程师哈林顿·埃默森说："就方法而言，可能有100万种，甚至更多，但原理很少。掌握原理的人可以正确地选择自己的方法，只尝试方法而忽略原理的人，肯定会有麻烦。"

对护肤来说，方法花样翻新，干货层出不穷，很多人渐渐迷失。其实护肤的原则是：让皮肤变好的，是皮肤自身的代谢，不是护肤品。应摆正原则，时刻谨记这一点。

（2）一定要找到收益递减临界点

打个比方，我写作用 1.5 小时，可以写出 2000 字；但我写 3 小时，我连 3000 字都写不出来，而且越写越烦。

投入和产出像一条开口向下的抛物线，一开始随着投入增多，产出增多；但过了最高临界点之后，投入再多，产出停滞；再不收手，产出变负。不太懂又做太多，对人、对己、对皮肤、对身体，都是灾难。

极简护肤期，是我对之前过度护肤的补救。等皮肤状态稳定下来，我就要去找我护肤的效果临界点，能少花时间、少花钱，皮肤还更好，何乐而不为呢？

（3）允许主体发挥主观能动性

养育了女儿后我有个心得：当孩子自己有好奇心、有自驱力时，家长就会省心。你若为孩子不辞辛劳，那么你只会更加辛劳。

皮肤也是一样，你要相信它有主动性，相信它有神奇功能。

不要用所谓"为它好"的瓶瓶罐罐去破坏皮肤屏障，而要让它自由呼吸、发挥功能。通过物理方法减少紫外线对皮肤的伤害，为皮肤提供高质量的睡眠、饮食、运动及良好的心情。一段时间后，皮肤自会原力觉醒。

4

PART 1

最后，还是折回来聊聊保养四宫格。

如果你没有特别的诉求，只想维持稳定或小有提升，那么我推荐"睡眠—饮食—运动—心情"这个保养四宫格工具。

你每天可以在笔记本上、计算机上或脑海里画个保养四宫格，早上可以用来做计划，晚上可以用来复盘。简单地记录或罗列，坚持三四天以上，你就能知道自己的长处和短板，知道怎么调整，知道如何平衡，能综合性地帮自己全方位提拉状态。坚持时间再长一点，你会更了解自己的体质，更接近保养的本质，更少走花钱又遭罪的弯路。你更应知道哪些方法适合自己，哪些不适合自己，适合就保留，不适合就淘汰，留下能为自己打硬仗的精兵强将。

如果你有具体的诉求，想有的放矢、精准改善，那么我推荐"头发—皮肤—眼睛—身体"这个保养四宫格给你。这是我最近一年几乎每天都使用的四宫格，它已经常驻在每日记录中，我亲切地简称它为"发—肤—眼—体"四宫格。使用这个四宫格的我仿佛给自己建立了一个隐形文件夹，平时刷视频、看书时，涉及保养头发、皮肤、眼睛的方法，我都会收集、记录并尝试。

我重点推荐思路。说句实话，年纪渐长，体检报告上的问题也越来越多，综合考虑后，我遴选出四个方面写在四宫格中。

对于一个注重落实的罗列型四宫格，在第一宫格里，我会优先敲定那些相对重要、容易上手、轻松度高，可随时随地开展的领域。所以我选择了"头发"，因为我觉得头发在第一印象中很打眼、很重要，而且由于我思虑过度、用脑较多，脱发和白发问题都令我困扰。

在"头发"这个宫格里有很多常见词条，而且还在不断增加，比如干梳头 50 下、五指梳梳头、涂抹生发精华、指压穴位、洗头时用蒸汽发膜。除了在家做的动作，也有外出做的项目，比如头部拨筋、头皮刮痧、头皮卸妆等。

第二宫格是"皮肤"。我把皮肤作为这篇文章的切入点，在上文中讲了很多。在"皮肤"宫格里，词条有面膜、鼻贴、去角质等，但我的经验告诉我，越是过度护肤，对皮肤的伤害越大。因此，我们可以把护脸转为护手、护脚或内调。

第三宫格是"眼睛"。因为我在工作和生活中会高频用眼，加上我从初中开始就近视了，这些年长期戴着500度的近视眼镜，又日常用眼过度。未来还得靠眼睛谋生，所以我很重视眼睛。保养眼睛的两个原则分别是注重光营养和光距离，在"眼睛"宫格里的词条有：一拳一尺一寸、30—30—300（用眼30分钟，休息30秒，看300米外的东西）、眼球运动、眼保健操、每小时窗前远眺、眼部拨筋，以及使用蒸汽眼罩、眼部按摩仪、眼睛喷雾器、缓解视疲劳的眼贴，进行户外运动和球类运动，吃蓝莓等。

第四宫格我一般会选择一个较为综合的领域，我将"身体"定为第四宫格。在把头发、皮肤、眼睛这三项扣除后，我将有关身体的一切词条都安置在此。我会在这个宫格写上每天早上的空腹体重、午睡和夜间睡眠时长，以及当天的综合保健养生项目，如运动、泡脚、泡澡、跳舞等（见图1-8）。

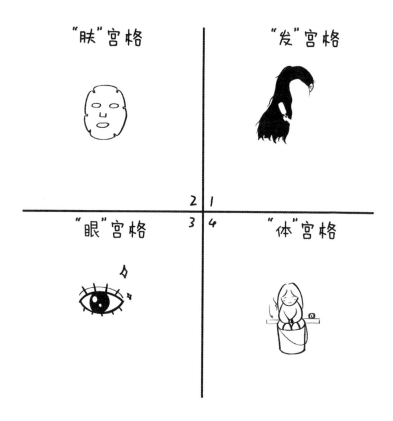

图 1-8　保养四宫格

　　我用"发—肤—眼—体"四宫格快一年了，这是我日程本上每日计划中的重要一环，用来提醒自己每天要保重健康、保住颜值，哪怕我忙到连在日程本上画保养四宫格的时间都没有，我脑子里也会闪现出"发—肤—眼—体"四宫格的框架，结合手边的碎片化时间，看看能做点什么，应该往脑子里的保养四宫格里填点什么。

平时，我起床后，会结合当天的状态和安排，在每个宫格中填上一两项，因为填太多项会给自己造成压力。如果没休息好、有点偏头痛，我就在第一宫格中写上"到店头部刮痧""多睡觉"，平时可能就是"多梳头、按百会穴 30 下"；皮肤护理有点过度，我就在第二宫格中写上"简约护肤""硬防晒"；如果某段时间要填写的工作表格过多，阅读写作过量，我就在第三宫格写上"午睡时戴蒸汽眼罩""增加户外运动"；周一、周三、周五在第四宫格写上"八段锦"，周二、周四、周六则交替写上半小时的"动感单车"或"椭圆机"等。

晚上到家找时间向身体做汇报，包括哪些完成得好、哪些因故取消，哪些做了替换。

我以一个过来人的经验来保证，这绝不是自找麻烦，当你计划、收集、记录、复盘后，你便能精准保养、预防疾病、保持状态。

在保养四宫格的守护下，我觉得我头发的脱发问题解决了，皮肤的长痘问题解决了，眼睛的近视度数没再增加，体检报告数据也没那么难看了。

颜值是健康的外延，健康是颜值的基础，收下这个保养四宫格，做脏腑健康、闪闪发光的自己。

07-

躺卷四象限：
做人要通透，该躺躺，该卷卷

PART 1

有段时间，有位读者说因为搞不清什么时候该内卷、什么时候该躺平，问我能不能用四象限的角度来分析一下。

正巧，我正寻找这个问题的答案。

同是天涯打工人，相逢何必曾相识。

她介绍了自己的情况。她在一家国企上班，所在部门是公司为数不多的盈利部门。虽然领导总说效益不好，但他不仅不去抓效益，反而开始抓管理。

员工每天都要在学习软件上打卡，并且会在每周进行学习时长排名。

每天还严抓签到签退。有一天她去拜访客户，为了签退，又绕了很远的路回公司打卡。外出手续也变麻烦了，以前和领导打个招呼就行，现在按规定，必须填单子、走流程。

她说大家疲于应对各种行政管理，连与客户沟通都需要进行心理建设，这种管理简直本末倒置、因小失大。

回到家，心中烦躁还未消，她看老公、儿子不顺眼，于是训了孩子。冷静下来，她又觉得愧对孩子。我相信她在描述时就知道自己的问题在哪里，即她被迫在价值不高的事情上"卷"光了精力。

但要怎么用四象限来分析我还没想到答案，我催自己赶紧想出来，让自己解脱，也让别人轻松。

其实纵坐标轴的两端我早就想好要放"内卷"和"躺平"这两个反义词了，但横坐标轴始终悬而未决。

直到我看到美国制度经济学家道格拉斯·诺思提出的"生产性努力"和"分配性努力"这两个概念。

生产性努力具有强大的创新性，能够不断增加社会财富；而分配性努力只是在不增加社会财富总量的状况下，抢占社会的优势地位，在分配结构中取得更大的个体利益。

简言之，生产性努力就是努力创造价值，而分配性努力就是在价值固定的前提下，尽力使自身得利最大化。

脑子里的小灯泡亮了，我的横坐标也就有了——"生产性"和"分配性"（见图1-9）。

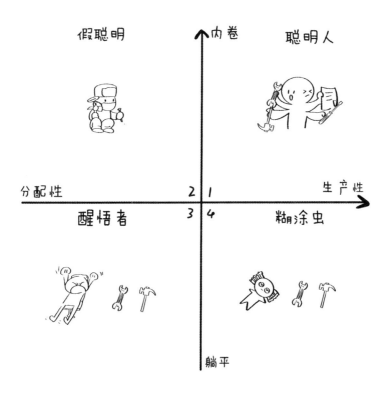

图1-9 躺卷四象限

第一象限：在生产性上内卷——聪明人。

第二象限：在分配性上内卷——假聪明。

第三象限：在分配性上躺平——醒悟者。

第四象限：在生产性上躺平——糊涂虫。

2
PART 1

第一象限：在生产性上内卷——聪明人。

这个象限中的词条包括：有益于社会，可以产生利他价值，扩大市场占有率，直接产生利润，服务客户并为其排忧解难。

例如突破被卡脖子的科技难题，提升公司利润，提振行业影响力，为客户带来更好的体验感。除了这些突破性、创造性、增量性的工作，还包括环卫工打扫卫生、育婴嫂呵护婴孩以及行政部门为研发、营销等生产性部门减少障碍……我认为这些都具备生产性价值。

对父母来说，养育孩子也是生产性行为，孩子在父母的抚育之下，从小到大，从懵懂到懂事。

不要认为在生产性上内卷就是无休止地加班，其实在原创性、创造性的工作中，感受是为了更好地创作，休息是为了更好地蓄力。

有段时间，我回老家见了一个高中同学，她跳槽到了一家股份制银行，跟我吐槽她的工作。

她从事信贷业务，以前觉得压力大、工作累，要完成任务指标的 120% 才能考核合格。小微贷款的利率越来越低，她一边跟我吐槽自己银行的产品吸引力不够，一边和客户讲解产品有多么好。另外，她还要不时和领导汇报自己的客户是谁、要怎么维护。明明八字还没一撇，汇报过程已相当烦琐，她的身体都快出问题了。

"后来，我决定换个工作方法。我少做分裂的事，不再自嘲拿着米面油去推广业务。既然要推销产品，我就仔细研究我们银行的产品，它可能在某个方面没那么令人满意，但它确实有令人满意的方面。另外，我也不再时时刻刻回复领导的连环追问，找个空闲时间统一汇报。如果领导追问，我就说刚才正在与客户沟通。"她和我说。

总之，当把精力聚焦工作中的生产性事务时，她在业绩更好、提成更高的同时，汇报更少、休息更多了。

第二象限：在分配性上内卷——假聪明。

在没有创造价值的阶段，不想方设法提高效率和产出，只顾维持现有的秩序，巩固既定的权力关系；在内部刷存在感，期待获得更多内部资源。

社会层面，一部分人的考研、考公，属于分配性努力。

家庭层面，同样是儿媳妇，为什么公婆没送我们什么东西，却总是送嫂嫂礼物？其实我们真的没必要把心思花在纠结这些小事上，容易影响心情、影响身体。

职场层面，员工花费在填写各种文件、开会上的时间越来越多。人们上班装成很忙的样子，下班拖到很晚，同事们纷纷以更晚的下班时间刷新打卡纪录；与会议不相干的一群人也被拉到视频会议上，自己的活干不了，要给别人当观众；行政部门花大量时间设计、分发、审批各种表格；写工作汇报的时间比真正做业务的时间还多……

我刚工作时，目睹过一起业务分配的"惨案"。

当时公司的海外销售部有位负责印巴市场的资深销售员 A 离职了。领导将 A 的客户分给负责中东市场的 B 和负责印巴市场的 C 维护。

C 不开心也不甘心，一是 C 不理解印巴市场的客户为什么要分给负责中东市场的人维护，二是做中东市场的 B 业绩非常好，C 认为领导应该平衡一下，不能"旱的旱死、涝的涝死"。

C 找领导争取了好几回，B 知道后也和领导提出自己忙不过来。于是，A 的所有客户都交给了 C 来维护。

然而 C 没高兴几天就忙得焦头烂额、怨声载道。因为 A 跳槽去了另一家竞争对手公司，为了争取原先的客户，A 给客户开出具有竞争力的价格，还告知客户以往的差价情况。客户觉得我们公司把大部分的利润都分走了，十分不开心，于是 C 还需要花很多力气去安抚客户，向他们证明和解释。而正是在那段时间，B 又争取到一个新的大客户，成为当月部门的业绩第一。

我不知道 C 会不会后悔，因为分配性努力看上去省力，其实费力不讨好，还不如自己开发新客户。

第三象限：在分配性上躺平——醒悟者。

在职场上，有些配合行政管理的事情，如果不得不做，就要不带感情色彩地迅速完成；有些会议只是作为背景出现，如果不得不去，你可以边开会边看点对业务有帮助的材料。

我和搭档庆哥一起运营公众号"哪梁爽哪喜庆"。合作之初，我们就决定收益和义务平分。七年来，我们没因分配而产生分歧，她有事我顶上，我忙的时候她帮忙分担；我写作遇到瓶颈时她鼓励我，她出书遭遇不顺时我出主意。我们在分配性上躺平，坚持认真写好文章。我们是写作上的搭档，也是生活中的好友。

第四象限：在生产性上躺平——糊涂虫。

有时，由于花在分配上的努力过多，人们精力不够，情绪不好，真正有价值的事情反而没有心情和时间去做。

在四象限中一眼就看出的问题，在生活中随处可见。

在我看来，理想情况是，在生产性上张弛有度地内卷——做事时专心，休息时安心；在分配性上动用技巧躺平——用功劳说话，用数据量化。

要警惕长时间的分配性内卷，更要警惕对分配性内卷的结果不满，报复性地在生产性上躺平。

3

PART 1

工作千人千面，我不敢保证躺卷四象限符合每个人的情况，但它有建设性之处在于以下几点。

（1）天下苦分配性内卷久矣

前程无忧发布的《2022 职业倦怠报告》显示，只有 12% 的群体能从上班中获得快乐，职场倦怠指数为 68.4。倦怠感一方面来自过劳，另一方面则来自一种"荒芜感"。人们逐渐发觉，大部分坐在办公室里的工作，带来的往往是频繁重复的劳动、冗余的办事流程、复杂的人际关系。

大卫·格雷伯在《毫无意义的工作》里提出，40% 的工作没有意义，许多人自欺欺人地忙碌，给自己施加了精神暴力，陷入愤怒和怨恨，也让社会付出了巨大代价。

有一些工作脱离了人类社会的真实需要，形成泡沫化分工，十分荒诞。所以，在某个综艺节目里，看到台上的演员跳舞跳得手忙脚乱，动作却都不到位时，一些人的代入感很强，感觉像极了自己的人生，很忙，但不知道在忙什么。

社会学家齐格蒙特·鲍曼指出，自工业革命以来，人们始终被一种"工作伦理"所控制，即认为工作本身就具有价值，是一种崇高且鼓舞人心的活动。

很多时候，我们对生产性和分配性的工作过于一视同仁，同等地对待有意义的工作和意义不大的工作，无差别地消耗着情绪和能量，还觉得"我卷我光荣"。

卷到一定程度，便卷不动了，于是撂挑子不干，声称自己要躺平。可一段时间以后，恐慌和压力，又让人不甘心、不放心、不安心，于是躺不平，又来卷。

我看到社交平台上有人发帖抱怨，自己的工作很清闲，薪水也不低，但是总觉得自己的工作没有意义，谁干都一样。虽然这个帖子引起一些网友的羡慕，但我相信这位发帖人是真的不满意。我建议大家在有时间、有精力的基础上，多给自己增加一些生产性的工作，从而使分配性工作为你提供保障，生产性工作为你提供价值。

（2）真正要卷的事没那么多

有人戏称自己是"卷心菜"，白天在公司，不知道公司同事有多卷，同事说你不知道行业有多卷；晚上回到家，打开手机，又会看到别人当妈有多卷，美妆博主为了美有多卷，美食达人为了早餐有多卷，带货主播为了业绩又有多卷。

但其实不是所有事情都值得卷，卷的尽头也不是躺平。

拿我来说，要卷的事＝工作中生产性的内容＋关乎孩子身心健康的养育＋业余写作有关创意和创作的部分。

按照"40% 是有意义的工作"的推断，我的工作有 60% 不用卷；孩子的身边还有我的父母、老师、朋友、其他亲人，就算我责任很大，就算能者多劳，我也最多负责三成，还算轻松；写作除了具体创作一篇文章、一本书，很多活动、感受、聊天、体验都是以"玩"的形式在进行的。

这么算下来，我不会终日陷入很卷、很累的感觉。痛苦感大大减少，我能以一颗松弛、轻盈的心来面对工作，不会一方面给自己过度施压，另一方面又对自己卖惨，求自己放过自己。

如果你忙得一刻不停，忙得莫名其妙，那请你停下来想一想，一定有哪里不对。

（3）生产性工作怎么卷？分配性工作怎么躺？

对待生产性工作，我们要用最大的热忱专心去做，不考虑分配性，不能本末倒置，捡了芝麻丢了西瓜。

分配性工作，如果不能做得更好，就向上反映；如果可以少做，那就探索更省事的方法；如果不能不做，至少别带着情绪做，例如一边埋怨产品不好一边推销产品，一边质疑表格的意义一边又不得不填。

请珍惜自己的抱怨，抱怨给能带来改变的人听，把精力集中在做生产性工作上。

第二章
令人内耗的关系，尽快断舍离

珍惜一段令人内耗的人际关系，因为它像镜子一样照出你的内在状态，让你知道自己现在身处哪个象限，更让你知道想去哪里，如何抵达。

停止不开心，让自己幸福起来。

01-

快乐四象限：
如何做一个快乐的人

$$\frac{1}{\text{PART 2}}$$

同事的孩子今年高考，吃午饭时她问我们学什么专业比较快乐。她说，孩子从小到大学习都很辛苦，希望她大学能尽量快乐，不过最终的决定权还是在孩子。

因为我也想把孩子培养成"谐星"，不是想让她逗乐别人，而是想让她学会逗乐自己，所以这个问题我还专门在网上查了查。

国外一项针对4000多名学生的调查显示，综合"上学不为作业哭"+"毕业赚钱多"这两个条件，排行榜前10名的快乐专业有：人文科学、体育和运动科学、工程学、自然科学、数学、计算、会计与财务、媒体与传播、艺术与设计、现代语言学。

什么？没有生物，我表示不服。我谨代表生物类专业"出战"。

我们专业平时学业很忙，不过我和来自天南海北的室友们还是一起度过了非常快乐的四年。

她们中有夜跑爱好者，有游戏爱好者，有宠物爱好者，有喜欢用扫把头当话筒开演唱会的，还有用漫画或动画记录寝室欢乐日常的……生物人眼中的快乐就是，大脑释放出快乐激素，我们就感到快乐。

老师上课时说过，多巴胺、内啡肽、血清素、催产素，能调节心情（见图 2-1）。

我们寝室的女生，对此深信不疑。

周五晚上 11 点后宿舍不断电，福建女生打游戏打得入迷，其他室友指出，你的多巴胺"吵"到我们了。

我和台州女生热爱夜跑，我跑十圈就停，而台州女生还在跑。她说，内啡肽让她根本停不下来。

大四时我总是失眠，夜里整宿睡不着。室友们主动提出陪我晒太阳，帮我把血清素水平揭上去。

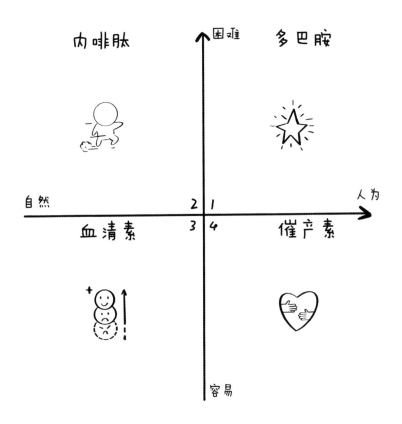

图 2-1 调节心情四大激素

那时的我们，快乐多，烦恼少。

2

PART 2

李白说"人生得意须尽欢",电视剧里总说"做人最紧要的就是开心",有首歌唱着"讨论一下你为什么不快乐"。

成年人的生活没有"容易"二字,但我们有快乐四象限。

第一象限:多巴胺快乐。

当人们的需求被满足时,大脑会释放多巴胺,多巴胺给人兴奋感。

多巴胺是奖励的荷尔蒙、兴奋的传送带,给人即时奖赏,让人感觉良好,令人容易上瘾,分泌不足则使人倦怠。

这年头,多巴胺不断引发争议,有句话叫"不要让多巴胺毁了你的人生"。

这是因为很多人掉进"产生需求—分泌多巴胺—需求被满足—短暂兴奋—空虚失落—产生需求"的多巴胺陷阱难以自拔。刷手机、打游戏、吃甜食,外有神算法,内有多巴胺。这种"奶头乐"[1]

---

[1] "奶头乐"理论由著名地缘战略家兹比格涅大·布热津斯基提出,引申含义为娱乐大量占用人们的时间,让人们丧失思考的能力。——编者注

激素让人只收获了短暂的快乐。

于是，人们渐渐把多巴胺和低层次快乐混为一谈，但其实多巴胺与学习、记忆、运动息息相关。

当我觉得疲惫时，我会马上成为一个"多巴胺女孩"，刷刷视频，吃点甜食，这是我改变心情的首选。但一旦开始，我就很难停下，丧失了对时间的感知，条件反射地上滑视频，自我投喂，多巴胺不断在体内翻涌。

事后因浑浑噩噩而郁闷，因浪费时间而自责。奔着快乐去，拎着懊恼回，我意识到外在诱惑驱动的多巴胺所带来的快乐，是条开口向下的抛物线。在快乐达峰之前结束或继续，关乎我之后的心情。

之后，在刷视频前，我会设置闹钟；到点提醒时，面对"继续"还是"停止"，我会问问自己：心情好了没？要不要继续？

很多活动都能让人分泌多巴胺，刷视频让我感到快乐，别的活动也能让我快乐。做个内容消费者快乐，做个内容创作者更快乐，写篇文章、想个选题、读本新书……我可以用更好的方式分泌多巴胺。

唤起时间觉知，重新定义快乐，可以将多巴胺分泌从被动引为主动。

第二象限：内啡肽快乐。

内啡肽是天然止痛药、心灵疗愈所。

被打得鼻青脸肿的格斗手不觉疼痛，奔跑得腿脚酸软的长跑者精神无比，皆因内啡肽来了。

听古典音乐，看大海和红叶等美景，感受清风拂面，静下心来冥想，专心做事进入心流，内啡肽又来了。

它让人产生幸福感或微醺感，绵长而踏实，使人减轻压力，深度放松。

内啡肽的快乐，需要人们向内求，延迟满足，坚持长期主义。

第三象限：血清素快乐。

我看到一个人情绪稳定，就仿佛看到他的血清素充足稳定。他应该是个睡眠良好、心理健康、自信发光的人吧。

血清素是情绪稳定剂、解忧杂货铺，患有抑郁症的人，大脑中血清素含量往往偏低。

每当我睡眠不好、想法悲观、缺乏动力时，我便知道，是时候提高血清素含量了。

提高血清素含量，在我看来最简单不过。做好面部防晒的基础上去晒太阳，回忆过去的巅峰或美好，这都是我喜欢且不费力的招数。

尽量上午去做以上事情，因为血清素一般只在上午合成。

第四象限：催产素快乐。

催产素这名字让人以为只有女性在生产或哺乳时才会分泌它，其实男女都会分泌催产素。在爱与被爱时，我们的身体会召唤催产素。

我生完孩子的这 3 年，睡眠不好，没时间玩，但我烦归烦，累归累，每次看到光影下女儿的脸、摸到女儿肉嘟嘟的小脸时，我的心都化了。

如果我意识到自己因为安全感下降，孤独感升高而不快乐，那么我会倾向于约朋友游玩，去看宠物视频，看猫咪脚掌上的小软垫、考拉抱树枝、熊猫吃竹子，这些让我感到暖心又治愈。

催产素让我有爱、温柔、平静，感受与其他生命体的联结。

$$3$$

PART 2

我看快乐四象限就像看情绪的实时监控一样，会不由自主地想起自己近期的生活状态。

当我觉得不开心、有点沮丧、烦躁时，我会邀请自己在每个象限耐心地小坐一会儿。

看四象限之前，我常觉得不开心，心中有种难以名状的压力。

看四象限之后，我的内心自动生成一张快乐处方。

生活苦闷，日子寡淡，多巴胺少了；刺激上瘾，沉迷消遣，多巴胺过多。

身体痛苦，心灵受伤，加点内啡肽。

郁郁寡欢，没有朝气，调高血清素。

缺安全感，缺少关爱，提振催产素。

调节激素时，建议优先选择那些可以一箭双雕或多雕的方法。

（1）**坚持运动**。30分钟以上的运动能促进内啡肽分泌，新鲜刺激、有挑战性的运动可以促进多巴胺分泌。

（2）**调整饮食**。深海鱼类、坚果能促进血清素的分泌，吃点黑巧克力能让大脑释放内啡肽。高脂饮食会阻碍多巴胺合成，别吃太多。

（3）**休闲放松**。晒太阳、泡个澡、听音乐、做冥想，能提高多巴胺、血清素和内啡肽分泌。

（4）**消费互补**。商业顾问刘润老师有个商业论断：未来的产业发展到最后，也许都可以简单归类为多巴胺产业、内啡肽产业、催产素产业等。

同种激素对应不同的消费选择，消费者可以为了快乐，有的放矢地补充相应激素。

平时用生活方式打牢内啡肽的底，用人际关系筑好催产素的巢，动态调整多巴胺和血清素。

每天给自己调一杯快乐忘忧水，将其一饮而尽。

02-

情感四宫格：
保持心理健康，方能抵挡万难

美国小说家克瑞丝·坎德在《钢琴的重量》中写了一个余韵悠长的故事。

小说以一架制作精良的传奇钢琴为主线，把其前后两任所有者——卡佳和克拉拉的命运交织在一起。两人的结局分别是，前者失去了生命，后者摆脱了自己身上他人的印记。

看小说时，两人的命运通过情感四宫格的形式映入我的脑海：亲情、友情、爱情和自情（自己对自己的感情）（见图2-2）。

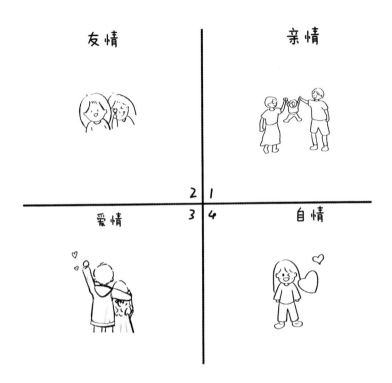

图 2-2 情感四宫格

卡佳的情感四宫格如下。

亲情：背井离乡来到美国，与父母失联，极为想念亲人却又无可奈何。

友情：在去美国前有志同道合的朋友，到美国后约等于没有朋友。

爱情：和老公一见钟情的爱情，早已被物资匮乏消磨殆尽。老公到美国后，工作不顺，消沉暴躁。后来她和一位同样喜欢钢琴的知心人心意相通。

自情：卡佳用生命在爱那架钢琴，这是她抵御痛苦的唯一方式，琴键上的手指是她与物质世界的唯一联系。

当爱人去世、儿子成年后，卡佳四宫格全部变为空白，于是她选择终结自己的生命。

克拉拉的初始四宫格如下。

亲情：父母意外去世，童年停在 12 岁。

友情：她在汽修厂工作，同事彼得关心她，但克拉拉的童年阴影让她认为自己"一旦拥有什么，就很容易失去"，太怕失去彼得的友情，不敢与他发展爱情。

爱情：克拉拉有过几次浅尝辄止的亲密关系，失去会伤心，也不想深入，害怕真正的亲密感。

自情：成年后人生倾向于惰性，沉闷空虚，连生日都不知道许什么愿，只有观察机器才能让她放松。

故事从她再次失恋、手部受伤、钢琴被租走后徐徐展开。生活无奈的她，心系钢琴，一路跟随，逐渐认清自己。

克拉拉后来的四宫格如下。

亲情：寄养家庭对她很好，彼得的妈妈对她很关心，给她提供了亲情的支撑。

克拉拉在直面内心、卸下包袱后，她和彼得的友情开始向爱情发展。

自情：意识到自己不想要什么，就是了解自己想要什么的开始；不知道前方有什么，但也不关心身后是什么。

卡佳的四宫格逐渐变得空白，于是她自杀了；克拉拉的四宫格此起彼伏，于是她解脱了。

看完小说，回到现实，我有点恍惚。小说里钢琴才女心灰意冷地跳崖，令人心脏抽痛。

我们每个人都应该关注心理健康。我认为"情感四宫格"是关注个人心理健康的好工具。

2
PART 2

"事情"这个词我认为过于笼统、太混沌模糊。事和情是分开的，分别是事务和情感。

当今社会，人们的事务性工作普遍增加，挤压了情感板块的精力和时间。所以，要定期看看自己情感和事务的占比。

情感占比整体偏低，忙于工作，可能有点变成"工作狂"了；情感占比整体偏高，忙于情感，可能有点变成"恋爱脑"了。情感和事务的占比都偏低，体会这种状态下的感受，以此来决定要不要改变。

在电影《穿普拉达的女魔头》中，安迪出场时是个幸福的人，与爱人、友人、家人相处和谐，但新工作打乱了她的平衡。当她向公司资深同事奈杰尔说自己的个人生活岌岌可危时，奈杰尔说：

"等你的个人生活化为乌有的时候，那说明你要被提升了。"

流水线发明人、福特汽车创始人老福特说："我明明想要一双手，为什么来了一个人？"工作自带压迫属性，需要你付出时间、精力；但我们毕竟是人，事务多，情感少，是另一种维度的不完整和不幸福。

一个人达到事务和情感平衡的状态，不仅重要，还能让人自救。例如，对工作狂来说，总会有没能成事，事与愿违的时候。如果平时或多或少在维护情感四宫格，那么在工作中被暴击、被辜负时，情感给你撑开一把保护伞，可以大大缓冲现实打击。多个支点，加倍安稳。

3
———
PART 2

除了关注整体情感占比，细分板块——亲情、友情、爱情、自情，也得逐一清点。我们可以比较粗糙地在每个细分宫格里分出高中低三档（见图 2-3）。

没短板（全部中高档）。

恭喜，你是人间幸福人，但不排除有身在福中不知福的人。

如果你知足，那么提高感知力，维持幸福就好。如果你想进步，可以将中档稍微提升到高档。

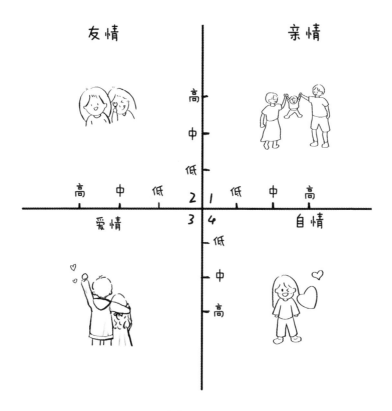

图 2-3　情感四宫格（细分版）

有长板（有低也有高）。

要珍惜，也要警惕，尤其警惕突发长板。友情和亲情通常日久见人心，但爱情中不乏"一见钟情"的情况。人们在突然陷入爱情时，容易忘乎所以，做出傻事。

短板多（低档比较多）。

考虑替代或转化。

我有个朋友，她的原生家庭经常吵架，她闪婚后也常和老公吵架。好在她朋友多，在家"受伤"后，她便跑到朋友家疗伤。她把较低的亲情和爱情转化为较高的友情。

前段时间找我咨询的一位读者，她的原生家庭缺爱。我给她分析，说她老公知心、孩子可爱，我建议她用爱情和再生亲情来替代原生亲情。我提醒她，她自己是在童年时期被伤害的，如果长大后又伤害自己的孩子，会造成双重遗憾。

每次转化情感投射标的，虽困难，但值得。

通过提升和转化，哪怕短板还短，但努力过了，人们便更容易接纳缺憾。

其实，顾此失彼原本就是人生常态。

4

PART 2

最近，很多新老读者来找我交流四象限（宫格）。有些四象限，我是先想出坐标轴，再呈现四象限的。

我率先在自己身上运用情感四宫格：先给自己一个情感弹窗，事和情尚在平衡区间。看完整体，再来细分。人生的每个阶段，情感四宫格不尽相同。小时候，亲情浓烈；单身时，朋友众多；结婚后，爱情变多，朋友变少；生娃后，爱情少了，亲情变多。

我仔细看着自己近期的情感四宫格，发现最近亲情满溢，言必谈孩子，闲必想女儿。于是我决定，女儿在一天天地长大，我需要多分点给爱情和友情。

我立马行动，问好友要不要在某个工作日中午出来吃饭聊天；给发小补送本命年礼物；邀请大学同学有空带孩子来大连玩，或我们带孩子去杭州玩……曾经关系不错的朋友，你不维系与他们的友情，他们也不维系与你的友情，你们的感情就真的淡了。如果再见面，有太多的过往要补充说明，可能会失去见面的欲望。有人说，当你孤独时、受挫时，划着长长的通讯录，你却找不到可以聊天的人。为了避免这种情况发生，我们平时要多维护友情。

爱情宫格也是，应有意识地把老公从队友、室友，拉回爱人、恋人。

亲情宫格，对爸妈，我年轻时没心没肺。妈妈患上慢性病后，我才意识到，家人会老、会生病，以后会离开我，不如趁现在珍惜每次相处，让欢声笑语成为相处的底色。

自情这个宫格，我一直很重视。想心事、写文章、写日记，做自己喜欢的事。接纳自己，欣赏自己，宠溺自己以及爱自己。哪怕对你来说，亲情、友情、爱情暂时都是短板，你也还有自己。王尔德说过，爱自己是终身浪漫的开始。

希望你有空也像我一样，画一个情感四宫格，温柔地问自己："情感和事务的比例是否平衡？情感四宫格的各宫格情况是否合心？"我们可以在情感四宫格里，调整布局，辗转腾挪，拨开迷雾，平复心情。

对于心理状态，紧急抢修也好，查缺补漏也好，慢慢微调也好。不要失望，更别绝望。生命不结束，便总会有转机。

03-
情商四象限：
高情商是一种优势

《灌篮高手》电影上映后我第一时间去看了，看完后我浏览知乎页面，看到一个问题：为什么新手队湘北能赢冠军队山王？

我的回答是：因为湘北在第一象限（见图2-4）。

知己知彼，知道对方强，研究对手，对对手有敬畏、有崇拜，但没有恐惧，不觉得自己弱，坚持不放弃。每个队员都能看到自身的局限性，并想办法超越自己；让篮球在5个人中流动起来，实现集体的瞬时超越。湘北的胜利实至名归。

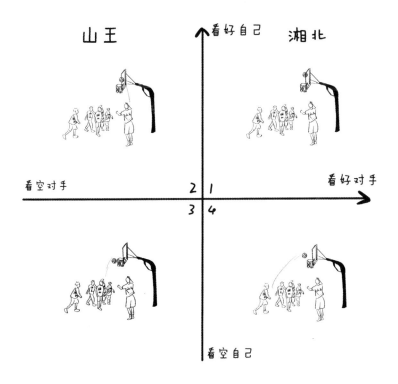

图 2-4 《灌篮高手》四象限

　　而山王，因为是全日本三连冠，所以没太把第一次闯进全国大赛的湘北放在眼里，上半场没全力以赴。因此，山王的失败在人意料之内。

2
PART 2

四象限缩小到个人也一样。

我有个自身条件很好的女同事去相亲，她直言，10 场相亲，8 场没戏。

有的男人夸夸其谈、沾沾自喜、自命不凡、自吹自擂，大男子主义严重，唯我独尊，觉得女人嫁给他就是坐享其成；女人只须稳住后方，做好辅助。这种男人简直"油腻"而不自知。（第二象限）

有的男人妄自菲薄，恭维女生长相好、工作好、家境好，自己处在下风。一开始以为是谦虚，而后发现是自卑。（第四象限）

有的男人觉得我条件一般，你也差不多，都这岁数了，有什么好挑的，凑合算了。（第三象限）

只有一种与她相谈甚欢，就是觉得我还行，你也不错，哪怕感情没戏，我们也能做个朋友。（第一象限）

越凝视这个四象限，你对外界、对自己的认识越明朗（见图 2-5）。

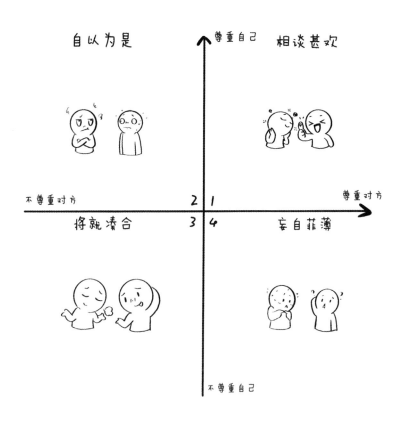

图 2-5　相亲四象限

3

PART 2

为什么我推荐你扎根第一象限呢?

复旦大学的梁永安教授曾说,现在我们生活的世界有三重属性:一是农业社会属性,种瓜得瓜,稳定持续,期待风调雨顺;二是游牧民族属性,逐水草而居,随着上大学和找工作离开家乡,要适应,要融合,要追逐;三是海洋民族属性,在全球化的今天,要拓新,要乘风破浪。

对自己与他人的欣赏、尊重、学习,会给你的收入、运势、人际关系、沟通、性格等方面实实在在地加分。你好、我好、大家好。

第二象限,部分区域很安全。你专心做你执着的事,但将心比心,别人在做的事也许也是他执着的,我们不能全盘否定。

长期处在第二象限,我们可能会不自觉地指点他人,但结果往往是被指指点点。作家福克纳讥讽道,谁也没听说过海明威用过一个需要让读者去词典里查一查的词。海明威回应道,平庸的福克纳,他真的以为崇高的情感,来自复杂的词汇吗?我和他一样了解那些艰深的词汇,但我更喜欢那些古老朴素的单词。

处于第三、第四象限的人，连自己都不欣赏、不尊重，早已把自己的士气灭掉。

我觉得与"交"相关的词，在这个四象限都能派上用场。交际、交往、交流……以己立足，盘活自己。情商高是一种优势——爱自己，是终生浪漫的开始，是尊重他人的开始，是变好变强的开始。

为什么情商高的人总能给人如沐春风的感觉？那是因为他们本身就处于春风之中。

04-

人际四象限:
令人内耗的关系，尽快断舍离

《纳瓦尔宝典》里有个幸福公式：幸福＝健康＋财富＋良好人际关系。

有人会质疑人际关系何德何能，可以和健康、财富平起平坐。

作为博主，我确实从微博私信和后台留言中发现了端倪。很多读者在亲密关系中有失望，在同事关系中有博弈，甚至和陌生人也会产生纠纷，这让他们异常痛苦。

我看着每封具体情况不一样的私信，渐渐发现它们的背后都指向同一根源，那就是"你如何看待别人和自己"。

《蛤蟆先生去看心理医生》中写道，每个生命都得经历开始、中间和结束这三个阶段，人生开始阶段有两个问题，会显著地影响后续人生。

第一个问题：我是怎么看自己的，我好吗？

第二个问题：我是怎么看别人的，他们好吗？

书里说，觉得"我不好、你好"的人，通常低自尊，觉得自己差劲；在生活中亏待自己，却善待别人。他们常见的三大心态如下。

（1）我是受害者

例如，有人会经常列举自己遇到的不幸的事，选择记住悲伤和不快乐的事，忘记或忽略美好的时光，认为自己的人生被不好的力量影响，自己无法掌控人生，经常产生抑郁情绪。

（2）可怜弱小的我

例如，有人认为人人都在找我的茬，无论我做什么，都觉得我不够好。

（3）无论我做什么，你都要爱我

例如，有人把生活弄糟或有意犯错，就是想看看别人能宽容他们到什么程度，何时排斥他们，然后说"早说过你会这样对我"。

觉得"我好、你不好"，觉得自己对、别人错，爱愤怒、爱指责，对别人评头论足的人，他们常见的两大心态如下。

(1) 我抓到你了，你这个坏蛋

例如，上司把犯错的下属叫进来训斥，借题发挥，小题大做，大声咆哮，找到看似正当的理由发火，以证明别人无能、不可信，把斥责和惩罚别人视为己任。

(2) 你为什么总是让我失望?

例如，有些挑剔型父母，摆出养育型父母的姿态，生气发怒后，还说我比你更心痛，我是为了你好。他们把孩子贬得一无是处，而自己表现得高人一等，让孩子自卑或自责，加强自身优越感。

他们不抑郁，因为愤怒能够有效抵御抑郁。他们不内疚，因为他们总是在怪罪别人。

2
PART 2

虽然我热爱心理学，但我不喜欢有些心理学宣扬的"人生的最初经验，影响后来发展"这类论调。哪怕这是事实，也给人一种"除了责怪原生家庭，现在做什么都无济于事"的感觉。

"如何看待自己和别人"这个问题，我觉得值得延伸，用于现在，面向未来。

现在请允许我用四象限展开分析这个问题。

横坐标代表看待自己：我好、我不好。纵坐标代表看待别人：你好、你不好（见图 2-6）。

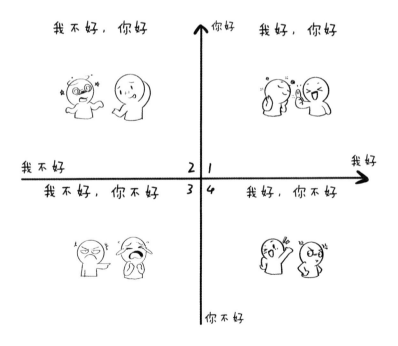

图 2-6　如何看待自己与别人四象限

第一象限，我好，你好。

这是理想状态，身处其中的你爱自己，也爱别人；你尊重自己，也尊重别人；你欣赏自己，也欣赏别人。婚姻中旺夫先旺己，育儿中育儿先育己，工作中利己先利他，达到"你好、我好、大家好"的和谐状态。

第二象限，我不好，你好。

处在这个象限的人低自尊。顺从的人觉得自己是受害者，可怜又弱小，委屈又无助；逆反的人故意挑战别人忍耐的极限。处在这个象限中的人是精神内耗大户，又累又没时间做正事。

第三象限，我不好，你不好。

处在这个象限的人如果攻击性弱，则身心消沉，破罐子破摔，"先躺平为敬"；如果攻击性强，则觉得"我倒霉也得拉你来垫背，我不好你也别想好"，把自己受过的伤当成自己伤害别人的逻辑起点，损人不利己。

第四象限，我好，你不好。

处在这个象限的人吹毛求疵，喜欢否定、指责别人，与他们相处起来有压迫感。但他们也累，因为他们通常习惯慕强，也太想让自己变强，给自己很大压力和很多工作，活得忙碌而焦虑，常有付出感、牺牲感和悲壮感。

3

———

PART 2

很多给我发私信的读者，其实只是暂时落入了"我不好，你好"的象限，想找个人诉苦。这个象限，我是常客，因此在此多讲两句。

我不太关注别人，特别关注自己，所以我总在"我好"或"我不好"的象限转换。

产后有段时间，我和婆婆相处得不太愉快。有孩子前，我们只在周末或假日见面，彼此处于"我好，你也好"的最佳状态。

生完孩子后，我的身材还没恢复到生育之前，体力也下降得厉害。出了月子中心，白天老公上班后，很多事情我都需要婆婆的帮助，我一下子跌落到了"我不好，你好"的象限。

当时我经常觉得"我好可怜"，想吃不咸的饭菜吃不上，想抱孩子但婆婆整天抱着；觉得"我好没用"，连孩子哭闹都哄不好，以及为又得乳腺炎而烦恼。

我的婆婆是个做事风风火火、说话直来直去的优秀女性，但在那个特殊时期，她的言行让我认定她在"我好，你不好"象限。

她提醒我奶粉要多搅拌，平时我不会多想，但那时我自动将她的话翻译成"她嫌弃我冲的奶有结块"；她安慰我要保持心情舒畅，平时我不会多想，但那时我自动将她的话理解成"她暗示我的乳腺炎耽误哺乳"。我感到郁结、压抑，后来我意识到，这只是因为自己当下处于"我不好，你好"象限而已，我急需回到"我好，你好"的状态。

我需要空间、时间，让自己变好。而与处于"我好，你不好"象限的人保持距离，约等于保护自己和守护关系。

所以，产假结束前的最后一个月，我白天自己看孩子，晚上老公下班照顾我们母女。我尽量休息，有空就看书、听歌，并且开始运动。很快，我发现带孩子没有那么难，她经常冲我笑，也经常睡长觉。我也能花更多心思在自己身上，很快就回到"我好，你好"的好状态，这对我的家庭、工作、心情、婆媳关系都有很大好处。

十年前，我在深圳时，在公司遇到一个和我同年同月同日生的女孩，我们很快结为挚友。她怀孕时，我在工作上帮她，生活上照顾她。这么有缘的开局，却换来了疏远的结局。

她那时总是和我说，她的老公对她有多体贴，她家全款头了房，站在房子的窗前能看到大中华国际金融中心，从她家出去走一会儿就到市民中心了……由于那时的我刚毕业，心智还不成熟，听了太多这些话后，被她激活了我心底的"我不好，你好"象限。

后来，我实在不能忍受自己已经这么惨了，还要去捧她的场，便渐渐与她拉开距离，不听她晒幸福，多与其他合得来的朋友一起玩。通过做志愿者、玩游戏、寻找美食，自己看书、追剧、运动，我的状态又慢慢好起来。

从那以后，我更愿意把精力花在自己身上，多做令自己舒服的事情。

我给自己设置了缓冲带，不随便让人离我的物理和精神距离过近。走得太近，容易在虚弱空档，被输入愤怒和挑剔，让我从"我好，你好"的象限跌落"我不好，你好"的象限。

我的人际关系和我当时的状态强相关，我喜欢在自己状态好时再出去社交，这样我可以和朋友相互尊重，彼此滋养。当我状态很差时，我就和朋友保持距离，夯实内心，启动紧急自我保护机制。

我相信，我的状态好了，人际关系才会好。

4

PART 2

当我处于第一象限（我好，你好）时，我会尽力保持住这种好状态，平时多和处于第一象限状态的人交往，对让我跌落到"我不好"象限的人和事，具有较强免疫力，力所能及地把处于"我不好"象限的朋友拉回"我好"象限。

当我处于第二象限（我不好，你好），觉得自己不够好时，多去想想自己好的方面。想也行，写也好，列举自己过去的高光时刻，例如某科考试取得高分，某场比赛获得名次，某个会议提出亮眼观点。这些或大或小的成绩，可能是努力所得，也可能是运气相助。罗列高光时刻一览表，会显著增强阿尔伯特·班杜拉提出的"自我效能感"，会让我们对自己感觉良好，帮助我们应对挑战、克服障碍。

当我处于第三象限（我不好，你不好）时，就想想我喜欢的英国作家珍妮特·温特森。珍妮特的母亲曾对她说："宇宙是一个浩瀚的垃圾桶。"珍妮特问母亲："桶盖是关着还是开着的？"母亲说："关着的，没人逃得了。"

而珍妮特认为，自己没法活在一个合上盖了的浩瀚的垃圾桶里，她说："我过去和现在都热爱生活，我心情不好时，就走进山脉游荡；被锁在门外或煤库时，我就编故事；母亲反对我看书，我则按作者姓氏字母顺序，从 A 到 Z 读完了图书馆英国文学散文部的书；书被妈妈收走，我就开始背书。要以鲑鱼一般的决心逆流而上，无论水流多么汹涌，因为这是你的河流。"她打开了垃圾桶的盖，成功逃出来，成为英国知名作家。

当我处于第四象限（我好，你不好），觉得别人不够好时，就多想想别人好的方面。尽量不要对别人说难听的话，做难看的事，生气时尽量别说刻薄话。你的情绪会过去，但给对方造成的伤害可能伴随一生。挑剔别人者，人恒挑剔之。

总之，珍惜一段内耗你的人际关系，因为它像镜子一样照出你的内在状态，让你知道自己现在身处哪个象限，更知道想去哪里，如何抵达。这样做不仅可以理顺人际关系，更能调优自我状态，把自己作为方法。

停止不开心，让自己幸福。

05-

破立四象限：
遇事最有水平的处理逻辑

1
PART 2

前段时间，我看完了伊北的小说《熟年》。小说开篇紧抓我的故事线是，一个工作体面、家庭美满的中年男人，铁了心要大破大立。他要辞职，却不是为了跳槽。他放着好好的生活不过，非要改变，为什么？

故事的男主角本是大学教授，母亲不用自己操心，儿子硕博连读。但自从他体检时查出脑内有阴影（没确诊），就开始折腾。他要离婚，要辞职，想出国，想转行，要大隐隐于市，要只为自己而活。

妻子觉得他是毛姆的书看多了，或者是要学海明威。

最后他经历了母亲患上阿尔茨海默病、和妻子离婚、儿子叛逆、兄妹遇事等一系列挫折后，才发觉自己在大破之后，并没立出什么来。

书里有段他的台词："我想反抗，我要建设……我不知道自己能反抗什么，建设什么……反抗的意义又是什么？一切打碎了，发现并没有新的东西长出来，还是迷茫，还是彷徨……人生似乎没有意义，谁不是在努力赋予它一点意义，就在这点意义上，见出了每个人人生价值的高低。"

这部小说对我来说后劲大，因为我在代入男主角的动机中，偶然窥见：原来我们每个人，都颠簸在这又建设又破坏的人间啊。

2

PART 2

于是，我把建设和破坏提取出来，搭建四象限（见图 2-7 ）。

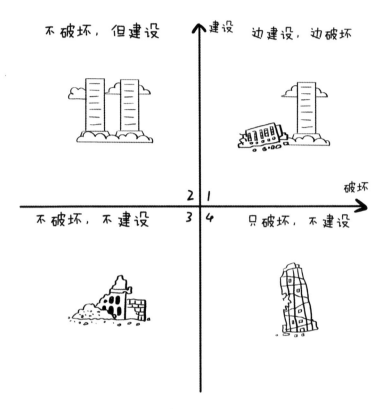

图 2-7 "建设—破坏"四象限

第一象限，边建设，边破坏。

感情不顺，大不了就分手，分了找更好的；工作不顺，大不了就裸辞，辞了找更棒的。

梅花只有寒彻骨，才能扑鼻香。大破大立，大拆大建，置之死地而后生。

第二象限，不破坏，但建设。

不破而立，理性、保守、把稳。不怕破，但不主动刺破，建设着真正在乎的东西。面对关系，只筛选，不改变，尽量不要做掀桌的人。面对工作，稳住到手的，追求更好的。

第三象限，不破坏，不建设。

梦里道路千万条，醒来还走那一条，一直待在舒适区里不改变。

第四象限，只破坏，不建设。

破罐子破摔，最后连个破罐都没有。不可持续处于这个象限，如无外力支援，很快就会被淘汰出局。

3
PART 2

为什么我建议你画个"建设—破坏"四象限呢？因为这样除了能增进自我认识，也能评估周围环境，找到适合自己的路。我想着重提醒三点。

（1）大破大立，没有那么好

在很多影视作品中，为了故事性，编剧总在写第一象限的故事，这似乎是个"爽文"[①]象限。我们在生活中也在被影响。

人们觉得要把大城市工作辞了，去大理、丽江等地，才能过上慢生活；乔布斯得砍掉支线，才能做出爆款；王阳明得失意至极，才能龙场悟道；故事主人公得吃尽苦头，众叛亲离，支离破碎，末路英雄感攒够，才能翻开东山再起、王者归来的新篇章。

可生活中，我们真的能承受大破吗？一定要大费周章地调整状态吗？非得伤害身边人才能活出自我吗？

每临大事有静气，静而后能安，安而后能虑，虑而后能得。不要遇事就暴躁，人生宜多建设，少破坏。

皮肤要多防晒，少暴晒；财务要多收入，少支出；人要积攒好习惯，远离易上瘾的恶习。

---

① 一种网文类型，指主角从故事开始到结尾顺风顺水，升级神速。——编者注

（2）不破也立，没有那么难

我的一位咨询者很烦恼，她说双方老人都不愿意帮自己带孩子，因为当老人带得不好时，她总是不停抱怨。虽然我觉得她的怨气完全合理，但还是感到可惜，把与破坏缠斗的精力，用于好好建设，就好了。

很多人，包括我自己在内，都会被生活里繁杂的事情破坏力量，耽误建设力量。

老人的问题想不明白就不想，何必激化矛盾；保存关系框架，转身去做更重要的事——带娃，工作，维护家庭关系。

建设和破坏不是一条线上的两端，而是两个维度的选择。

我以前爱憎分明，对待不喜欢的人习惯忍耐良久后讲清并拉黑，但我发现自己真的做不到事后完全无感、一身轻松。有时我会念及对方的好，有时还会觉得自己过分了。而当我拉黑时，就相当于把对方定性，为了合理化我的感受和行为，我得一直想对方的不好，想自己受到的伤。

其实，保存过去记忆中的闪光点，对自己有益且有助于轻盈转身、专心建设。人犯糊涂时，就是喜欢跟破坏纠缠。

用太多精力去应付别人对自己的破坏，好不容易才修复，又被别人轻松打败，甚至没人来破坏你，你还会继续破坏自己。

在破坏维度，建立屏障，保护自己，因为破坏自信、情绪、心理健康很容易，修补则很难。

一个通透的人，能识别破坏力量和建设力量。保护好自己，少被别人破坏，更别自己破坏；找到自己的维度去发力，去建设。

（3）不得不破，请加倍建设

我们不想破，但也不怕破。

友谊方面，与这个朋友关系破裂了，要更珍惜其他知心好友。

事业方面，不在这家公司／这行干了，要全力以赴做点新东西。

注意破坏的度，尽量不破坏别人，不破坏自己，然后不动声色地，把新维度建设起来，哪怕是一点一滴的微建设。

06-
身心四象限：
从身心俱疲到身心轻盈

我和好友上班的地方隔着一条街。有天我们中午约饭，一见面，她还没摘下口罩，我就看出她的满眼疲惫。她摘下口罩后，我看到她的脸色十分憔悴。

一坐下她就声称，自己能马上表演 8 个机位的苦笑。

她跟腱炎犯了，每天早上送完女儿，就在女儿学校门口的医院做针灸，再赶去上班。

女儿不省心，老师要求孩子背诵完古文，并录段视频发给老师。明明孩子能流利背诵，一对着镜头就频频出错，录十几次还不过关，母女都崩溃了。

工作也很让人心烦，她接手了一块"难啃的骨头"，天天对着电脑，颈椎疼得一扭动都得咬后槽牙。最严重的那几天，还得戴着颈托去上班。

老公让她烦，近期有两家外地公司挖他，夫妻商量不了几句，就得吵架。

她最后总结道："真是身心俱疲。"

我问她："你是想单纯找我听你吐槽，还是想找我帮你支招？"

她说："你只听我吐槽，这顿你请；你能给我方法，这顿我请。"

对于好朋友，我支招且请客。

2
PART 2

我准备使用"四象限"这个思考工具（见图 2-8）。

我去前台要来纸笔，手起笔落，在纸上画两条垂直相交的线。

横轴为身体，纵轴为心情，四象限跃然纸上。

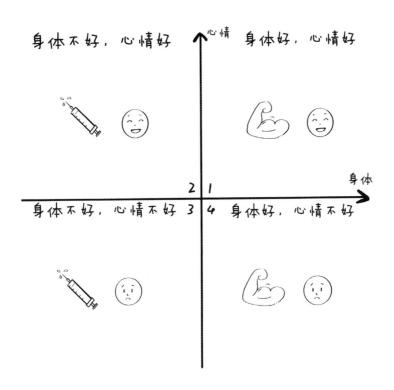

图 2-8　"身体—心情"四象限

第一象限：身体好，心情好。

第二象限：身体不好，心情好。

第三象限：身体不好，心情不好。

第四象限：身体好，心情不好。

她指着第三象限，说："我不仅在这，还深深扎根。我现在身心俱疲了，快要身心俱废，想要身心愉悦。"

我一步步地引导她："现在你身处于一团模糊的负面情绪中，身体不好、情绪低落。你目前处在第三象限，目标是第一象限。"

接着我又问她："在你看来，你的压力、不快、烦闷，主要是身体不好造成的，还是心情不好造成的？尽管身体和心情相互依存、互相影响，但我们要将问题的范围变小。身体不好，特指你的跟腱炎、颈椎病；心情不好，特指夫妻沟通、工作分配、女儿学习等事情扰你心绪。身体原因和心情原因，你觉得谁主谁次？"

她思考片刻，肯定地回答："身体。"

接着，她仿佛在说服我，或在说服自己："我连自己身体问题都处理不了，家事和工作想处理也处理不了。"

我指着纸上的四象限，对她说："你现在已经从身体不好、心情不好的第三象限，爬到身体不好、心情好的第二象限了。记住，你现在心情很好，那些让你心情不好的刺激已经没有了。例如对待女儿，她要背课文并录制视频，那就让她自己背完自己录，说不定还能轻松一条过。对待老公，他的工作由他来定夺，你只要说'你做什么决定我都支持你'即可。"

看她欲言又止，我又说道："你得先解决自己的身体问题。现在专攻身体问题，方法分针对性和普适性两种。"

随后，我对她进行了详细的解释。针对性的方法是，对于跟腱炎和颈椎病，你要回忆以往就医的医嘱，没做到、没做好的要马上改进。找出 3 ~ 5 个符合习惯的复健动作，每天坚持做，并观察效果。发动线下朋友和线上朋友圈的力量，找到有类似病史的朋友，请教对他们来说有效果的按摩方法、医院、医生、技师、仪器等，并且去尝试。

普适性的方法，则要平时多储备。少想、多睡，健康饮食，适度运动，这些都是老生常谈。我又告诉了她三条我正在验证的新知。

①**进食顺序**：不同食物的消化速度不同。淀粉类是碱性消化，需借助口腔唾液；蛋白质是酸性消化，需依靠胃液。蛋白质和淀粉一起吃，会酸碱中和，消化缓慢。因为水果中富含单糖类物质，空腹吃下的水果，通常在小肠被吸收；胃里有食物时，留给小肠的水果已不新鲜。

②**控制食量**：不要吃太多，或许对健康更有利。美国的科学家做了一项长达 20 年的随访调研，数据显示，人每天进食量减

少 30%，寿命可延长 20 年。

③**正确呼吸**：呼吸频率越慢，寿命越长。成年绿海龟每分钟大概呼吸 5 次，寿命约为 150 年；人每分钟平均呼吸 18 次，寿命约为 80 年；狗每分钟约呼吸 28 次，寿命约为 15 年。

对我而言，我做不到将蛋白质和淀粉分开吃，但少吃几口食物，饭后不吃水果，每天做几个深呼吸，这些我都可以做到。我还会在散步时花 3 分钟做 142 呼吸法——先吸气 1 个单位时间，然后憋气 4 个单位时间，再呼气 2 个单位时间。

我告诉好友，好好照顾身体，也许病痛无法马上痊愈，但发作的间隔会延长、程度会减轻。等身体的状态恢复到及格线，你再解决心情问题也不迟。

而解决心情问题的方法也分针对性和普适性。

针对性的方法是，关于家庭，你可以看看萨提亚的家庭雕塑；关于个人，你可以试试皮尔斯的完形疗法、卡尔夫的箱庭疗法等。有些问题前人早有研究和办法，多看多试，去伪存真。

普适性的方法是，泡澡、运动、音乐、游戏、电影、郊游等。人类的悲欢并不相通，每个人快乐的方式也不同，选择适合自己的就好。

3

PART 2

饭后，好友拿走了我画的身心四象限，我也希望它能被更多的读者使用，因为它是我的"烦恼消消乐"。当我感到烦、累、苦时，我会抽 5 分钟，画个身心四象限。

第一象限是理想国，第三象限是鬼见愁。我对照身心四象限，追问自己对于目前困境，身体欠妥和心情欠佳，哪个责任大？

我曾处于"身体不好，心情好"的第二象限。

几年前，爸妈来看我。我爸炒四季豆没炒熟，导致我夜里吐了几次。第二天我埋怨我爸，话说得有点重，让他心寒好久。这一次，爸妈来看我，带来了牛肝菌，好吃到我的筷子根本停不下来，结果吃得太多，致幻又腹痛，夜里不得不去医院看急诊，拍CT（电子计算机断层扫描），验肝功能。但这次我没说什么，还和爸妈开起了玩笑。

这件事不仅代表我长大、懂事了，更是因为我在抱怨之前，又想起了身心四象限。处于"身体不好，心情好"象限的我，难道要把自己折腾到第三象限吗？我是觉得自己不够惨，还要对自己落井下石吗？我应保住好心情，设法让肝功能好起来。

我也曾处于"身体好，心情不好"的第四象限。

几年前，我和老公吵架，本来那天我的身体无恙，却因为一件莫名的小事，变成了"我吵—他杠—我哭—他惊"。那天我哭时没用好气，一时上不来气，像哮喘病发作，于是他想办法助我呼吸。折腾了半小时，我才呼吸顺畅。

前几天，我和老公又因育儿问题冷战，晚上我心烦到没睡好，第二天早上起床感觉头有点不舒服。于是我马上和他讲和，因为关系僵着很耗神，我不能让自己的头从不舒服，发展到头疼。

不是我成熟、体贴了，只是头不舒服的时候，我又想起身心四象限。处于"身体好，心情不好"象限的我，难道要把自己拉到第三象限吗？

我自问：何苦、何必、何至于此？

我不要像多米诺骨牌，倒下一个就倒下一排。

每当我把自己看作马里奥，在被路上各种障碍轮番"攻击"时，身心四象限就会给我放下两架长短不一的云梯。够到一台，爬着爬着，就能够到另一台；接着收集金币，一路坦途。所以，我把身心四象限，力荐给各位读者。

少做给自己添乱，修正起来费时费力的糊涂事，要做哪里不好修补哪里的聪明事。一块布有点裂口，可能本来拿针线简单缝补一下就行，若你非得情绪发泄般地把布撕开，则事后需要付出更多时间和精力才能把布拼接好。

生活已经很累了，别让自己更累。

身体健康，心情愉悦，这样多好。

第三章
把日子过出松弛感

当你能拿得起、放得下时，你会发现原来的无效工作占用了很多时间，你完全可以用节约下来的时间，爱工作中的自己。爱自己在先，你才会拥有能量；拥有了能量之后，再去想这些能量用在哪里。

内耗最小化，你将更能看见自己，也更能被人看见。

01-
当妈四象限：
当个轻松妈，养个省心娃

$$\vdots\frac{1}{\text{PART 3}}\vdots$$

女儿一岁多会走路后，我才感觉到带娃很累。过来人告诉我，从生理角度来看，生娃要趁早，年纪大了再带娃，体力和精力都跟不上。

我在想，带娃累是因为我年纪大了，还是因为带娃的方式有问题。

越潜入生活找证据，越觉得是我带娃的方式太"费妈"。

举个例子，冬天的周末，我常带女儿到儿童室内游乐场玩。因为每次只能由一位家长陪着孩子进入游乐场，轮到我陪时，蹦床、滑梯、扔飞斧、玩沙子、打地鼠、海洋球等游玩项目，我全程像个大孩子一样和女儿一起玩。

一开始，我是出于爱玩和好奇的天性，毕竟那些项目迷人又有童趣，但大人玩小孩的项目，新鲜劲很快就过去了。

一些孩子的父母在旁边玩手机，偶尔抬头看一眼孩子，又继续玩手机。这些孩子喜欢过来和我们一起玩，因此我瞬间又变成维持秩序、调节氛围的大人。

虽然我很累，但仍然坚持着，这让我的内心充满成就感和优越感。内心深处仿佛有个育儿专家给我点赞：高质量陪伴，当妈我最棒。

回到家后，我体力不支，连话都懒得说。

周末我基本是白天陪女儿玩，平时我下班把女儿从幼托班接出来后，也会陪她在小区里玩一两个小时。我不仅陪女儿玩，还顺便陪着别的孩子玩。回家做饭时我已经快"没电"了。晚上九点多，我读绘本哄女儿睡觉，然而还没读几句，我就先睡着了。但凌晨两三点我又会醒来，这时就很难入睡了。

早上当作者，白天当职员，下班当幼师，我快撑不住了。这样的状态持续了一段时间，直到有一天，我在图书馆看到一本法国妈妈写的育儿经，书上有句话像是作者穿越国度来点醒我："在游乐场把自己的电量耗光了，回家怎么办？"

2

PART 3

身体很疲惫，我选择看书休息，就这样我开始看大量的育儿书。

比起教条的理论，我更喜欢妈妈们写的各种实践经验，它们更接近现实生活，更具借鉴价值。专家的理论看多了，我总感觉自己这没做对，那没做好；而妈妈们的经验看多了，就知道不是只有我一个人在战斗，别人家的孩子也不省心。

看过几本关于法国妈妈的文章，我在想，为什么法国妈妈在孩子很小时就能睡整觉？为什么法国妈妈总是打扮得体？为什么法国妈妈可以一边陪孩子一边喝咖啡？为什么影视剧中法国女人的故事情节，不会因为她是不是妈妈而发生变化？

3

PART 3

既要自己松弛，又想孩子优秀，梦想还是要有的，万一实现了呢——召唤四象限吧（见图 3-1）。

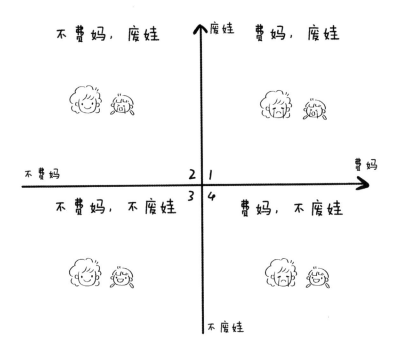

图 3-1 "费妈—废娃"四象限

横轴——费不费妈。

纵轴——废不废娃。

这里需要解释一下，费妈的"费"，是浪费的费，是对妈妈体力、精力、情绪、状态、个人追求上的消耗。而废娃的"废"，是荒废的废，是对孩子体力、脑力、潜力、灵气的耽误。

第一象限：费妈，废娃。

第二象限：不费妈，废娃。

第三象限：不费妈，不废娃。

第四象限：费妈，不废娃。

第一象限，费妈，废娃（妈妈累，还对孩子没好处）。

孩子不好好吃饭。例如妈妈专门给孩子做辅食，做好以后，孩子忙着玩，不想吃，而妈妈追着喂饭。孩子跑啊跑，妈妈追啊追，孩子吃两口便接着玩，妈妈辛苦收拾碗筷，忙完刚坐下休息，孩子却说肚子饿了。

孩子不好好睡觉。例如孩子很小的时候混淆了白天和黑夜，白天孩子睡了，妈妈便可以玩会儿手机或干点正事。晚上孩子总是不想睡，或是睡得不连贯。孩子睡不好，对他的记忆、情绪都有影响。家长睡不好，第二天工作干不好，精力跟不上。

吵架。孩子惹妈妈生气，妈妈情绪没控制好，于是，妈妈崩溃，孩子哭泣。事后妈妈自责，孩子受伤，妈妈又得补救，孩子又得自愈。

鸡娃①。妈妈强行介入孩子的生活和学习，觉得孩子生活的这个世界充满危机和淘汰，孩子要格外优秀才能有选择权。爷爷奶奶宠孩子，心疼孩子太过辛苦，说妈妈不好；这时老公来说情，妈妈又反驳回去，怀有一种"我为了孩子愿与整个家庭为敌"的悲壮感。妈妈尽心尽力让孩子弥补短板的行为，导致孩子疲劳、压力大、厌学，很容易让孩子的心理出问题。

代办。孩子已经学会了穿脱鞋袜和衣服，但无论妈妈是心疼也好，赶时间也罢，嫌弃孩子做得不好，总是代劳。我有个白头发很多的女同事，曾提过她女儿很磨蹭，女儿早上被她从床上拉

---

① 网络流行词，指的是父母给孩子"打鸡血"，为了孩子能读好书、考出好成绩，父母不断给孩子安排学习和活动，不停让孩子去拼搏的行为。——编者注

起来后，又睡眼惺忪地被她拉到卫生间，女儿站着，她帮女儿刷牙、洗脸、梳头、换衣服。在家吃早餐时，女儿看着电视，家人给她热牛奶、剥鸡蛋。

我女儿三岁之前，我们家住六楼，没电梯。女儿一撒娇、一撇嘴，我就抱着她爬楼，我还安慰自己权当锻炼了。

经常在家玩也是费妈又废娃，孩子如果不能自己玩，总要家长陪，家长会觉得累，但这点运动量对于孩子来说根本不够。

我记得曾经看过一个叫《超级育儿师》的节目，一个妈妈因为孩子晚上总是睡得太晚而求助育儿师。育儿师去她家观察后指出，白天在昏暗的家里学认字当然不行。妈妈需要尽量带孩子到室外玩，户外运动对于孩子的激素调节、视力调节、精力释放都大有好处。

第二象限，不费妈，废娃（妈妈不累，但对孩子也没好处）。

例如把电视或手机交给孩子，小孩子根本没办法抵挡住动画片或者短视频的诱惑。

美食纪录片导演陈晓卿曾反思我国的纪录片与其他国家优秀纪录片的差距。他认为单凭制作并不差太多，差的是整个基础的差距。"我曾经去 BBC 参加展会，看到几个儿童心理专家来推销《天线宝宝》，他们拿着十厘米厚的文案，把他们为什么将《天线宝宝》做成现在这样，里面玩偶说话的长度和重复频率，以及关于普通婴儿接受人类语言长度的临床调研数据，全放在了文案里。"

可见为了抓住孩子的注意力，一群大人在绞尽脑汁。孩子看着是能马上安静下来，妈妈能休息，能工作，能娱乐。这种方式偶尔应急可能没什么坏处，但是长此以往，等孩子的专注力、视力、自制力都下降时，妈妈可能非常内疚。

第三象限，不费妈，不废娃（妈妈不累，还对孩子有好处）。

对我来说，"不费妈，不废娃"，就是送女儿上幼托班，让她和混龄的孩子玩。集体生活让她戒掉了安抚奶嘴和尿不湿，养成了令人省心的吃饭习惯，作息相对变得规律。

找到合适的方法和技巧，让孩子自娱自乐。例如我家住在六楼，没有电梯，女儿要抱，我就抱；她轻松，但我累。于是，我先拿零食引诱她，让她自己爬楼，但零食吃多了会影响脾胃；后来，我又给她看动画片引诱她，但动画片看多了又影响视力。

我开始改良方法，例如与她边爬楼边玩石头剪刀布、玩泡泡，不断更换游戏，推陈出新，让孩子保持兴奋。

让女儿洗手也是。一开始她磨蹭着不肯洗手，我只能抱着她帮她洗。等她长大越来越重后，我抱着太费力了，就买了能搓出彩色泡泡的洗手液，或者按出来能在手心盖出一朵小白花的洗手液，并且买了个攀爬架，让她自己爬上去洗手，也让我省点力。

还有就是要抓住孩子的敏感期。在某些阶段，孩子对某种事物会特别投入和沉迷，你可以顺势而为。例如我女儿上的幼托班有次带孩子们参观了消防队，那段时间女儿在路上看到消防栓都兴奋，于是我就买了很多有关消防的绘本给她看。她自己会坐着翻书不吵闹，我便能休息一会儿。后来我发现她对车很感兴趣，就买了车的绘本和模型给她，周末带她乘坐各种交通工具。

相对于事先计划、全程参与的陪娃方式，做游戏还有抓住敏感期，还算是不费妈的方式。

我觉得法国妈妈是出现在这个象限的常客，她们对三岁以前的孩子，主打抓好三点：好好睡觉、好好吃饭、孩子能自己玩。

有位法国妈妈生了三个孩子，她的孩子们都在晚上八点半以前入睡，基本能睡整觉。孩子们从四个月开始就能一天吃四顿，早上八点、中午十二点、下午四点、晚上八点各吃一顿。法国妈妈从小就培养子女和父母的边界感，尽量让孩子自己单独玩或和其他小朋友玩，孩子会有不同的感受和体验。

第四象限，费妈，不废娃（妈妈累是累，但对孩子有好处）。

例如，大人和小孩一起旅行、游玩。出门前，妈妈收拾着大包小包，拿着纸巾和保温杯，爸爸扛着推车和帐篷。父母负重前行，孩子则笑得岁月静好。

妈妈还要用心计划和安排各种派对、活动、课程，给孩子不同的体验。

有一次，我们夫妻带女儿去昆明的朋友家做客，正逢朋友的小儿子过生日，家里来了七八个小孩。孩子们解放天性地玩，在家里和花园里搭乐高、跳绳、拿着网兜跑来跑去、拿着玩具枪追来追去，吹完蜡烛吃蛋糕，还有两三个淘气男孩用奶油互抹对方，沙发上和墙上还沾到了奶油。

接近晚上九点，朋友夫妇开始联系小朋友的家长来接他们。我看着有点担心：不知道全部客人离开后，主人收拾残局得有多累，但所有孩子都玩得特别尽兴。

4

PART 3

这个四象限对我当妈有指导作用。

在我遇到具体的育儿难题时，我都会想想自己怎么做才能挪到第三象限。

拿困扰我两年的孩子睡觉的问题来说，如果孩子睡觉习惯好，那就是"娃好妈好"的不费妈也不废娃象限。

如果孩子醒一两次，不管是要喝奶还是上厕所，不过很快就又能睡着，这属于"娃好妈累"的费妈不废娃象限，对孩子影响不太大，但妈妈一般很难做到满足完孩子的需求后马上就能睡着。在夜里把孩子哄睡后，想睡又睡不着的压力，时常让我难以再次入睡。

如果孩子一两小时就醒一次，一哭大半天，那就是"娃累妈累"的象限。我同事回忆起她女儿小时候，每隔一两小时就要吃一次奶，吃几口就睡着，睡眠碎片化，同事因此患有轻度产后抑郁。孩子整宿哭闹，全家都睡不好。女儿小时候身高偏矮，体重也偏轻，她担心女儿晚上总哭闹会影响老人的睡眠，于是给老人在小区另租了房。而她和老公白天的工作状态也受到了影响，心情也经常烦躁。

我向孩子睡得好的父母取经，同时看了很多相关书。我开始加大孩子白天户外的运动量，优化她的睡前习惯，一点点调整，孩子终于能好好睡觉了，而我自己开始通过运动、饮食，一点点改善自己的心态和生活习惯，终于也能好好睡觉了。

我女儿还小，每天的主要活动就是吃睡玩，在这个阶段我比较重视培养她的好习惯和游戏力。下一个阶段，等她开始上学了，我就得去培养她的自驱力。

我希望自己成为一个"马车妈妈"，而不是"火车妈妈"。火车是沿着设定好的路线前往指定的目的地，而马车是由乘客决定目的地的。

我和女儿一起成长，我有我的目的地，她也有她的目的地。除了养女儿，我也要重新把自己养一遍，养成更好的样子。

我希望我们相伴的这一程，尽量往"不费妈，不废娃"象限靠拢。养娃势必会费妈，但要费在刀刃上。如果总在费妈区，一定要反思，肯定是哪里做得不对。

02-
疏肝四象限：
为什么我们总是坚持"我对你错"

看了几期调解类的节目，我自认为摸清了这类节目的套路。

一开始，当事人 A 先控诉当事人 B 的错误，诉说自己的委屈。这时候，部分观众和嘉宾会站在"A 对 B 错"的立场。

然后当事人 B 上场，回应 A 的指控，解释自己的难处，补充对方的过错，再道出 A 的过分之处，诉说 A 对自己的伤害。这时，部分观众和嘉宾又站在了"B 对 A 错"的立场。

争论陷入白热化时，主持人介入，请嘉宾点评。

嘉宾深谙沟通的艺术，先给糖吃。他们常用的开头是："你们都有对的地方，都有可理解之处，都在乎对方……"

然后秋后算账，各打五十大板，说道："双方其实都有错的地方，A沟通有问题，B态度有问题，A受原生家庭影响重，B情绪太急躁……"

最后，嘉宾或主持人结合自身经历升华主题。

A和B争吵的事、矛盾的点，在生活中很常见，我也有类似经历。后来通过一些事，我明白了要珍惜眼前人等道理……

我对调解类节目的流程进行总结提炼，抽象成对错四象限（见图3-2）。

第一象限：我对你错。

第二象限：你我都错。

第三象限：我错你对。

第四象限：你我都对。

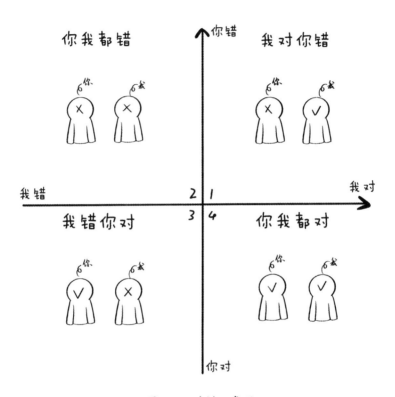

图 3-2　对错四象限

最后扪心自问：这事重要吗？有多重要？比这事更重要的是什么？

当因各执己见而与人激情争论，而事后又难以释怀，把自己气得五劳七伤时，这个四象限便能帮你调节情绪。

当亲朋好友之间发生争执，让我来评评理时，这个四象限便提供了高情商话术的"模板"。

而更多的场景是，我用这个四象限平息自己内心的战争和纠葛。

2

—— PART 3 ——

就在写这篇文章的前一天，我还用了对错四象限。

起因是老公一回来就扫地、拖地，然后去洗澡。他洗澡期间，女儿说肚子很饿，我就拿了两块小饼干给她吃。

等有洁癖的老公洗完出来，看到地上有饼干屑，就说了女儿两句。

我看女儿垂头丧气，心里一下想到老公的洁癖给我带来的压抑感，女儿才三岁就要承担这种压抑感。

我拿着吸尘器准备清扫，被老公阻止，说九点半了，明天再扫。

我脑海里全是女儿那委屈的模样，不受控地说，"这么小的孩子，弄脏地板很正常，打扫下就没事了。"

老公也余怒未消；"她吃饼干时你看着点，别让她吃得满地都是，我回来已经做过卫生了，等会儿工作上还有事。"

接下来的争吵进入话赶话阶段。我说，这卫生你不做，大家都开心。他说，谁爱做谁做，我以后不做了。

因为家里还有女儿，我俩严格控制吵架的时长和音量，之后他去处理工作，我哄女儿睡觉。

女儿睡着后，我躺在床上，心火旺，肝火更旺，需要调解情绪。我到四象限仓库里，把高频使用的对错四象限拎出来。

第一象限，我对你错。家人的心情，还比不上家里的卫生吗？他简直是被洁癖蒙了心。加班回来，还有工作，更该避免争执；应该赶紧做完工作，好好休息。训了孩子，说完妻子，是给自己加活。再说我也累了一天，女儿吃饼干时，我休息一会儿没错。

第二象限，你我都错。女儿因爸爸指责她，第一次不高兴；又因爸妈起争执，第二次不高兴。小孩子感受能力强，但解读能力弱，她会不会觉得我们是因为她而吵架？

第三象限，我错你对。对有洁癖的人来说，他们对卫生的要求高于常人，平时他承担绝大多数家务，家人理应尊重他的劳动成果，我一边享受着洁净的环境，一边说他"不做卫生，全家开心"，抹杀了他的辛劳和付出，确实令他寒心。

第四象限，你我都对。我觉得家庭氛围更关键，他觉得家居卫生更重要，我俩的主张相加，约等于更好的生活，干净又轻松的环境确实舒心宜人。

最后自问，现在谁对谁错没那么重要，安心睡觉最重要。事已至此，睡醒再说。

3

PART 3

对错四象限虽常常有用，但遇到自己的权益被侵犯时，重则应寻求补偿；轻则应寻求道歉。

在处理人与人的外在冲突时也得谨慎使用对错四象限，需要分场合、分人使用。

答案明确或板上钉钉的事很难起冲突，能起冲突的基本是公说公有理、婆说婆有理的事。

既然你说服不了我，我说服不了你，那么双方会选择性地听不见对方说什么，看不见事情的全貌。

创新思维之父爱德华·德·波诺早已看穿争论的本质，他说，争论作为一种思考方法，最大的价值在于鼓励人们去考察事物，如果没有争论所带来的满足感，人们不会受到激励去考察事物。当争论变成了一种诉讼、一种激愤情绪、一种自我炫耀时，没有人会关注有利于对方的事件，即使这些事件可以扩展对事物的考察。

对错四象限在处理人与人之间的外在冲突上过于理想化，所以我把对错四象限，重命名为"疏肝四象限"。

4
PART 3

当我跟家人、同事、朋友、陌生人产生分歧，意见不合时，我可能会隐忍装大度，也可能已经小小发作过，但还有情绪。这时候，我需要静静，让疏肝四象限开导我。

这时的我往往处于第一象限，我对你错。

你是怎么理解的？你那么无理还那么猖狂，我这么正确还这么委屈。

如果一直处在这个象限，我会因嘴硬说错更多，会因愤怒发泄更多，那么赶紧让气急败坏的自己，走到第二象限，你我都错。

我会不会也有一丝做得不对的地方？我没有所谓的上帝视角，我怎么可能毫无破绽，出错总是在所难免。

接着第三象限，我错你对。

好吧，我承认我有错的地方，你有对的地方。但不要过度自我追责检讨，对身心不利。

再移动到第四象限，你我都对。

我们都有可取之处，有些客观因素给我们制造了麻烦，我俩只是多做多错罢了。

四象限一圈走下来，双方便可明白各自的主张，看到彼此的局限，从自我坚持转为换位思考，从怒气冲冲变回心平气和。

补充一点，不要在某个象限停留过久。

我对你错象限待久了，人们容易生气，咄咄逼人，长此以往，会变成战斗型人格。

你对我错象限待久了，人们容易自责，咄咄逼己，时间久了，会有受害者心态。

我们都错象限待久了，人们容易破罐子破摔，损人不利己。

我们都对象限待久了，人们容易强行自我洗脑，问题始终存续，很难自我说服。

内心的冲突，要么自洽，要么对冲。

我们应在我对你错中找到支持自己的力量，在你对我错中让自己心理平衡，平息怒火；在我们都错中看到各自思维的局限，还要在我们都对中找到初心和共识。

疏肝四象限可以浇灭怒火，令人心平气和。

这四象限是我的精英天团，其中有律师的角色帮我分析；有心理咨询师的角色替我开解；有按摩师的角色给我解乏；有生活导师的角色告诉我，对自己好点；有规划师的角色告诉我，此地不宜久留，我还有更重要、更值得、更喜欢的事去做。

03-

职场内耗四象限:
拿得起,放得下,让内耗最小化

聚焦广告人的职场综艺《跃上高阶职场》将职场内耗说得很清楚,还原了真实职场中常见的几种内耗。

小透明

职场小透明依秋,上份工作刚被裁,在工作中经常担心自己做错了什么。她很少表达,总是犹犹豫豫,畏首畏尾,显得不够自信。在每次提案或沟通时,好几次看到她的嘴唇在动,好像马上要开口,但又没讲出来。不知道她是没有想法,还是不敢表达。老板评价说:"我对依秋最失望,一个人在角落,不知道在干什么。"然后就淘汰了依秋。观察嘉宾点评说:"她有点讨好型人格,脑子里思考了太多东西，在考虑完'我这个话说得合不合适，有没有价值'后，别人的话题已经转移了。"

"自嗨"者

思凡比较有资历，但在节目里的几场展示中，让人印象最深的是她总是"自嗨"。队员的诸多建议，她都充耳不闻。例如，在思考一款线上超市 App 的创意时，她想到自己大年三十和父母一起逛实体超市的经历，哭着写下文案。最后为了点题，强行写出有东西忘记买，在线上超市下单，很快送达的情节。这个创意只有她觉得感动，甲方和老板则不为所动。作为观众的我也觉得经过对比，我还是会选实体超市，而不是线上超市；而且她提出创意前后情绪反差强烈，让我感到不适。"自嗨"者虽然会在工作中因进入心流状态而忘乎所以，但回到现实，突然面对强落差，他们或是抱怨别人，或是自我怀疑。

讨好者

刘权是社交高手，也是公司老人。他表面上情商特别高，与客户交谈，会哄得客户十分开心。客户提出的要求，不管合不合理、能不能做到，刘权总是假装一切都搞得定，第一时间承接下来，再在背地里抓耳挠腮地抽打自己，时刻陷在"来不及""做不到"的恐惧之中。

松弛者

相较之下，八月就是节目里的低内耗标杆，尊重别人的努力，了解自己的节奏，不加班，不熬夜。工作之外，用看闲书、玩滑板等爱好滋养自己。她说，当你把喜欢的事情做得很好时，成功自然会到你面前。

她本来可能没打算去竞选组长，但看着小伙伴们一个个又内卷又内耗，索性亲自出马。她指明理想的工作状态是：你享受爱好和生活，客户享受你的作品，老板享受你为他带来的财富。

带着松弛感和沉浸感去生活，在工作时反而会有出挑的创意。云淡风轻地面对挑战，游刃有余地对待竞争。

用一个四象限可以概括——横坐标：有没有看见自己；纵坐标：有没有被看见（见图3-3）。

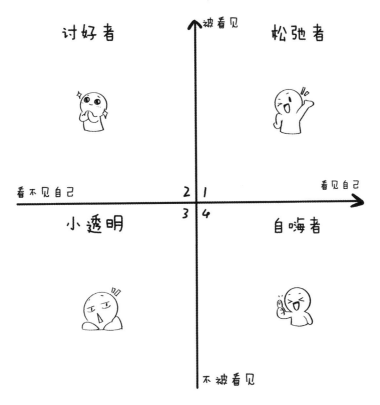

图 3-3　职场内耗四象限

第一象限者：看见自己，也被看见，是松弛者。他们得心应手，游刃有余，交付和正反馈螺旋递进，感觉自己是在做喜欢的事情。这种是职场内耗最低的人。

第二象限者：看不见自己，但被看见了，是讨好者。他们总是更重视领导或客户的要求，忍住自己的不舒服，压抑自己的不喜欢，执行别人的意愿和意志；有时会看轻自我价值，害怕别人对自己不满，一直压抑情绪。在累积一定量的成绩和赞美之后，练习看见自己，可能对处于这一象限的职场人有好处。勇敢地表达自己的感受和意见，也许会给你带来惊喜，不然过度压抑所带来的反弹，更让自己和别人都难以招架。

第三象限者：看不见自己，也不被看见，是小透明。很多职场新人从这个象限起步，对自己的能力不自信，对工作业务还找不到头绪，不确定将来可能会走入哪个象限。这种是职场内耗最高的人。

第四象限者：看见自己，却不被看见，是自嗨者。常见于有抢眼的学历或职场高光时刻，对自己的想法和提案过分自信的职场人。他们不太会将心比心、换位思考，不太站在别人的立场思考问题，除非遇到赏识并相信自己的伯乐。此外，他们还会内耗。空杯心态、清零心态可能会帮助到处于这个象限的职场人，不要沉醉于过去的功劳簿、躺在过去的领奖台上，要持续学习，倾听别人、尊重别人，练习更容易让别人接受自己观点和方法的沟通技巧。

你从哪个象限来，要往哪个象限去？

在职场中，把内耗降低，你才能工作、生活两手抓。

客观来说，虽然职场环境很难处于理想状态，但我们难免会处于内耗、互耗和外耗之中。以下三种常见的内耗，是我们有意识、有行动，就可以降低的。

（1）未来式，拿不起

据我总结，拿不起分三种情况。

第一种拿不起，是习惯性拖延。

有心心念念的事情，却迟迟不行动，内心压力越来越大，一直惴惴不安。

好的应对方法就是习惯性反拖延，与其在拖延过程中让内心难以平静，不如提前做完，了却一桩心愿。正如作家马克·吐温说的："如果你的工作是吃某只青蛙，最好早上起来第一时间就把它吃掉。如果你的工作是吃两只青蛙，最好先吃大的那只。"

第二种拿不起，是两个小人打架。

如果在工作中，你做了，担心领导认为自己能力有问题；不做，担心领导认为自己态度有问题。你心中的两个自己总是往相反的方向使劲，带来无尽消耗。

第三种拿不起，是泼自己冷水。

创作前觉得自己江郎才尽，行动前预感客户肯定难沟通，比稿前觉得对方强自己弱。思来想去，不敢开始。

我以前看过对女足教练水庆霞的采访。2013 年前，她带队参加全运会，没能出线。2017 年时她再次带队参加全运会。她说："那时候压力真的很大，我说大不了就不干了，可能听到这话的队员的心态会更好。"

有时候，这种"大不了"的心态很减压。想到最差的结果是什么，更能调整心态、面对现状。无论如何，先开始做。没做，犹如大海捞针；做了，至少在针线盒里捞针。诗人鲁米说："唯有迈开步伐，路才能出现在前方。"

（2）过去式，放不下

心理学家武志红接待过一名银行中层，这位中层说下班回到家后，她会复盘当天发生的事。有人对她说话不客气，懊恼自己为什么没有反驳；她对别人说话不客气，担心自己是不是误会了对方。越想心情越差，心情越差越忍不住想，生活和健康都受到了严重影响。

"事情"这个词宜分解，"事"过去了，尽快让"情"也过去。过去式内耗不仅让自己放不下过去，而且还会放大过去的影响，让自己身心俱疲。

有次和朋友聊天，睡不好的她调侃自己"以前也热爱生活，后来上班调理好了"。她解释说晚上睡不好，思绪回到白天，来回想些小事：没帮哪位同事的忙，她会不会讨厌我；对哪位客户说话没注意，会不会显得我情商低。越想越睡不着。

回到家就不要"软加班"了，白天就算没做好，总结几句即可。实在难受，不如大哭一场，即刻翻篇。

不要让工作情绪在身体里过久停留，快切换到生活页面吧。

（3）积攒被开除的勇气

知名广告公司的执行创意总监梁伟丰接受采访时，被问到年轻人那么多，怕不怕自己失去竞争力。他说："这就是为什么除了本职工作，我也在写歌，练拳，弹琴……当我写一个创意脚本卡住了，或者写了被否定了，心情有点颓废的时候，这些都是我的避风港。如果现在的工作干不下去了，我就去干别的。"

连续六年被评为最佳海外作曲人的梁伟丰，将焦虑、怀疑、烦躁的时间，用来精进自己的专长，或精进自己的爱好，让自己拥有去平台化的能力。

当你拿得起，放得下时，你会发现原来的无效工作占用了很多时间，你完全可以用节约下来的时间，去爱工作中的自己。

《霍乱时期的爱情》里有句话：人不是从娘胎里出来就一成不变的，相反，生活会逼迫他一次又一次地脱胎换骨。

职场亦如是，内耗最小化，更能看见自己，也更能被人看见。

04-

省时四象限：
时间管理，是心酸的浪漫

怎么形容我的生活呢？

我仿佛在和生活玩抽牌游戏，我从生活手上依次抽出带娃、上班、写作、阅读、家庭等好几张牌，生活说该它抽了，我忐忑地点头。眼看它要抽走睡眠，我握紧牌不放；眼看它又要抽走健康，我非常慌乱。

我本质上是个既贪玩又贪心的人，所以时间管理是我刚需中的刚需。

市面上关于时间管理的书，出一本，我看一本；视频中的时间管理心得，推送一条，我看一条。我记录其中要点，亲身试验，迭代改善，择其善者而从之，不适者而弃之。

我的时间管理，经历了 3 次大型的提档升级。毕业后到深圳工作，我为了少加点班，进行第一次升级；来到大连工作后，加班少，我为了业余写作，进行第二次升级；生完孩子后我不想放弃工作和写作，进行第三次升级。

在时间管理上，我借鉴过不少四象限。例如时间复利四象限。

第一象限：高时间高复利。如接受高等教育，学习谋生技能，锻炼身体等。

第二象限：低时间高复利。如读到一本好书，和优秀的人一起用餐。

第三象限：低时间低复利。如关注明星八卦，玩社交媒体等。

第四象限：高时间低复利。如沉迷不良嗜好。

这个四象限对决定一件事做不做、怎么做有一定帮助，但覆盖面不够。在我看来，时间管理就像省钱、保养一样，不需太多理论，不需引入概念，关键是要覆盖广、短平快、好上手。

雷军宣布小米公司要造车后，商业咨询师刘润分析说："触点 + 时间是一切交易的基本要素。每个人一天大约有四段时间：工作、上下班、在家和睡觉。工作的时间，老板看得紧，暂时动不了；睡觉的时间，无意识状态，暂时没价值。智能家居抢在家的时间，车联网抢上下班的时间，一旦实现自动驾驶，用户在车上的大段时间，将会突然被释放。抢夺用户时间，是商业竞争的本质。谁能抢到，谁是王者。"

自己时间管不好，算法和技术会接管我们的时间。

要用工作、通勤、在家、睡觉来分区管理时间。如果我们自己能把时间抢回来，那么我们就是自己的王者。

2
PART 3

"每个人一天大约有四段时间"，据此分区的时间管理四象限（宫格），让我打开新思路，盘活方法论。

工作宫格

我曾觉得工作 25 分钟、休息 5 分钟的番茄时间法有点刻意。但随着网页打开慢了，我条件反射地刷下手机；手机新消息提示音滴答作响，我不由自主地看下手机，我意识到我的注意力总在被手机分散，让我效率低下。

于是，我借鉴番茄时间法的原理，进行微闭关。经多次实验，我的工作最佳闭关时间是 20 分钟，写作最佳闭关时间是 40 分钟。闭关期内，我会远离手机，在出关后统一处理杂事。

微信已然成为我工作的延伸，一个个项目具象化为一个个微信群。有消息提醒就看，大概有个印象，等真正到了要去处理事情时，找群聊、刷信息、重听语音都浪费时间。"微闭关"后统一看工作群聊，备好纸笔，记录相关的文字、图片和语音，避免来回刷群聊、重新听语音。

有需要别人确认的内容，提前发给对方。等待回复时，安下心来，做其他自己可以决定的事。

回想一个你在工作或副业中，使用频率最高的办公软件。以为自己天天在用就很熟悉，是后果严重的自欺欺人。

以我为例，我几乎天天用 Word 写作，Word 已升级多个版本。追溯我上次系统学习 Word，还是大学备考计算机一级时。抽时间"微闭关"深入学习 Word 后，我后知后觉地发现，自己竟然每天浪费那么多时间而不自知。

学完以后，根据自己已形成的习惯，重新调适初始设置，顺应我的习惯。

自定义快速访问工具栏，把"插入图片""大声朗读""文档缩放为 100%"等藏得深又用得频的帮手集中在这里。把默认的中文字体、字号，改为"微软雅黑""小四"。把段落的默认行距，改为 1.5 倍行距。每次从网站上复制词句到 Word 里，粘贴格式每次都得重新调成"只保留文本"，早该把粘贴选项的默认设置固定为"只保留文本"。

在写作中，我常常受不了 Word 中的一些自动功能，例如自动编号，每次我都得额外改间距、改编号。深入学习 Word 以后，沿着"文件—选项—校对—自动更正选项—键入时自动套用格式"的路径，取消"自动项目符号列表"和"自动编号列表"，我就再也不为这种小事烦恼了。

每次多做一点，我好像也习惯了，没什么大不了；但学习以后，让设置按照自己的习惯来，才叫一次操作，一劳永逸。

理科公式难以打出，选用"墨迹公式"的功能。

为了防止停电、女儿捣乱等意外带来的崩溃、误事和善后，自动保存时间间隔设置为 5 分钟，并设置成始终创建备份副本（路径为：文件—选项—保存）。

其实我们常用的软件功能，可能像我们的大脑一样，开发利用率不足 10%。如果能了解、熟悉、举一反三，直到根据习惯自定义，那么，我们的思考就更能集中在想法和创意上，而不是排版、格式、样式等效果实现的琐事上。

不要适应工具，而要定义工具。

通勤宫格

据统计，全国超 1400 万人正承受极端通勤，我也是其中一员。我每天的通勤时间为 2 ~ 2.5 小时，还需要换乘交通工具。

为了自己写得尽兴，也为女儿睡得香甜，我现在早上去咖啡馆写作，经常是最早进咖啡馆的顾客。我常点杯咖啡，专心写作。在家写作时，我会时不时地照下镜子、敷个面膜，去咖啡馆写作反而心无旁骛。写一小时，再开启通勤之旅。

以前在通勤路上，有知识焦虑症的我，总希望听课、看书、学东西；现在的我在通勤时间中融进更多娱乐。在公交车上或网约车上，我累了就听播客、听笑话；坐上轻轨后，如果当天求知欲强的话，我就学习；如果当天感到疲惫的话，我就追剧。这大大消解了极端通勤给我带来的压力。

如果你的通勤也路程远、换乘多，请试着把电影《在云端》

里乔治·克鲁尼所饰演的角色奉为榜样，归纳并实践一套省时通勤链。克鲁尼扮演的裁员专家，每天飞往不同城市工作。当他与一位新同事一起坐飞机出差，看新同事正常登机时，他统计对方浪费了 35 分钟。"我一年出差 270 天，每天浪费 35 分钟加起来就是 157.5 个小时，相当于浪费了 7 天。"

于是他带着新同事，采购了一个收纳方便、推行便捷的行李箱，还要穿便于穿脱的休闲皮鞋。进机场后，想好哪些证件要提前准备，哪些抽检能避就避。

虽然我们不至于坐飞机上下班，但我也有意识地摸清轻轨什么时间段列车跳站，哪节车厢人数较少，从哪节车厢下车离楼梯最近，从哪个闸口出站最快。

离开座位时，我条件反射地回头看看有没有落东西，避免折回寻物。

我一个经常开车的同事曾兴致勃勃地跟我分享开车路线，在什么时段、走哪条路可以避免几个红灯。

我们往往在早上八九点的时候头脑最清晰，却总是将这段宝贵的时间用来通勤。所以，要打开"颅内计算器"去计时、尝试、总结、比对、优化，势必找出一条省时省力的通勤链来。

在家宫格

我搬新家了。别人的房子，求舒适；我家的房子，求节约时间。

之前我住在有电梯的高层，每天电梯很难等。后来我住在没有电梯的 6 层，每天爬楼很辛苦。现在住有电梯的 2 层，有电梯就坐，但通常走路上下楼。

新家一进门就有方便洗手的水池，旁边放的洗手液是自动感应的。橱柜与墙面的弯道连接方便擦洗。书桌边有固定充电线的装置，不必经常找线。没看完的书可以固定在阅读架上，下次抬头就看。

家门换成了指纹锁，我体会到了伸出一根手指就开门的方便。当我写作思路卡住时，我便戴上防晒口罩，下楼遛个弯。有灵感后，我立马回家写下来。

我新买了洗碗机、烘干机、上蒸下炖的蒸锅。我偏爱有语音感应功能的家电，我只要轻松说句唤醒词，就可以使唤它们干活。

我的购物车里有很多省时家电，比如懒人免举落地电吹风、洗完澡免擦水的浴室干身器、边按摩边导精华液的梳子、重力感应翻转计时的闹钟……如确有需要，再适当升级。

居家习惯也悄然升级。在穿衣方面，以前我习惯从上往下扣衬衫扣子，注意力不集中时，扣到最后发现扣错，得解开重来。现在我改成从下往上扣，再三心二意，也不会扣错。吹头发时，用集风口比不用吹得快一些；个人护理时，我偏爱各种泡沫型的洗面奶、洗手液、沐浴露，一按出来就是绵密的泡沫，省去打泡、搓泡的时间。

我家其实不是懒人家庭，而是忙人家庭。

睡觉宫格

我们家现在养成了设置睡觉闹钟的好习惯。我一般和女儿一起睡，手机定了晚上的准备上床闹钟。闹钟一响，就是提醒我们该为睡觉做准备了。

把家里的亮灯换成暗灯，拉好窗帘，创造助眠氛围感。准备好第二天的东西，收拾好书包，找好鞋袜，鞋尖朝外。我也鼓励女儿准备自己的衣物鞋袜。我再花五分钟准备第二天早上自己的早餐，泡好粥料，削去瓜皮，掰半根玉米或一段山药，再加一个鸡蛋或三四个鹌鹑蛋，整齐地摆在上蒸下炖的蒸锅里，设置预约时间。然后，我和女儿一起刷牙、洗脸，上床看3本绘本，关灯讲 1 个故事，就准备入睡。

我年轻时睡眠质量高，少睡一点也精力充沛。生娃后，哪怕孩子睡整觉，我夜里也会醒来，之后睡不睡得着，就得看造化了。

尽管我一般九点半到十点就睡了，但我经常夜醒，这成了我这一两年的心病。我试过很多办法，例如揉捏穴位，听物理或国学课程，白天穿插做八段锦、无氧和有氧运动，都会有些帮助。我正为了每天 7 ~ 9 小时的睡眠时间而努力不止。

3
PART 3

诺贝尔文学奖得主亨利·柏格森在《时间与自由意志》一书中，批判了现代人在纸上或软件上用划分好的区域指代时间、以空间来管理时间的习惯。"把时间视作对所有人来说都一样的客观空间未免有失妥当。我们真的能够因此真实地感受到自己活在其间吗？"这是柏格森抛出的问题。

我是这么来回答这个问题的，我在工作、通勤、在家和睡觉这四个宫格中，把很多必须做的大事小情尽快完成，把很多能省则省的耗时压到很低，为的正是主动给自己创造一段能感受到自己真实活着的时光。

这些时候，时间的绵延独属于我自己，这是柏格森称为"纯粹的绵延"的主观时间，过去与未来在此连通，脱离了寻常的时间感知，进入第四维度，拥有这些主观而又充盈的时间，是多么自由而浪漫啊。

05-

松弛感四象限：
不为了过得轻松点，活着是为了什么

1
PART 3

互联网上开始流行松弛感时，我对此是心存反感的。正如毛姆所言："我用尽了全力，过着平凡的一生。"我们普通人用尽力气生活、工作，已经很难了，还要活得有松弛感，太强人所难了。

直到我看了一部聚焦广告从业者的职场综艺节目，我的想法才开始改变。节目中有位选手叫"八月"，她是一名广告文案写手，她反感内卷，屏蔽内耗，拒绝熬夜，可以自信地跟客户、领导和同事说"我不熬夜，晚上 11 点要睡觉"。

工作中，她写的文案亮点多、创意好、吸引人。生活中，她看书、健身、滑滑板、爱美、爱拍照，还养育着两个孩子。

竞选组长时，她陈述团队的理想状态：你享受爱好和生活，客户享受你的作品，老板享受你为他赚的钱。因为她一直相信：当你把喜欢的事情做得很好时，自然会获得相应的回报。

她成为组长后，她的松弛感让原先用力过猛、努力过头的同事产生了温润感，矛盾能轻松化解，创意能愉快敲定，任务能高效完成。

每次看到其他组暗流涌动、明枪暗箭，我只觉得血压上升，呼吸急促；而看到她们组玩着玩着就能把活干完，我则感到春风拂面，心情舒缓。

她让我反思，原来真有人能做到既有掌控感，又有松弛感；不紧不慢，不急不躁，不慌不忙，还能工作和生活两手抓，事业家庭两不误。

那么，问题来了，一个人如何能松弛地既做好事情，又做好自己呢？

做好的前提是，不要用标签限制住自己。例如，认为自己是结果导向型的人，或者是过程导向型的人。像八月这类有松弛感的人，已经把过程和结果高阶地整合起来了。

对于工作的过程，很多人或多或少都在忍受，但她追求享受。

对于工作的结果，很多人按部就班想要线性，但她追求复利。

2

PART 3

八月是我的灵感缪斯,启发我画出松弛感四象限(见图3-4)。

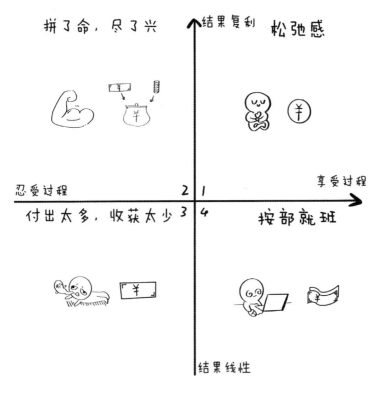

图 3-4 松弛感四象限

第一象限，既享受过程，又取得复利结果；双重享受，事半功倍，一举两得；四两拨千斤，出小力成大功；既能正确判断，又能做对选择。在这个象限的人，困难和难题，多在他们的能力范围之内。别人踏破铁鞋无觅处，他们得来全不费工夫。如果处在这个象限，当然能有松弛感。

第二象限，过程是艰难曲折的，结果却是令人满意的，很符合我们的传统价值观。不经一番寒彻骨，哪得梅花扑鼻香；业精于勤荒于嬉，行成于思毁于随；宝剑锋从磨砺出，梅花香自苦寒来；不经历风雨，怎能见彩虹……说的都是这个象限。

我觉得自己最接近这个象限，拼了命，尽了兴。我主观想吃苦耐劳，但身体条件不允许。我的解决之道是把拼搏分散，每天拼搏一下，太累就停下。这个象限很难有持续的松弛感，拼命时感到的更多是紧绷感和苦涩感。尽兴时，我才偶尔会有松弛感。

第三象限，过程艰难无比，收获不成正比；事倍功半，得不偿失；没有功劳，只有苦劳。虽然辛辛苦苦付出很多，但是碌碌无为收获很少。低质量勤奋，低收入忙人，这个象限的人很难有松弛感，有的更多的是不甘和沉重。

别把筋疲力尽当常态、当荣耀，正如《轻松主义》一书中最给我力量的一句话：更容易的方式一直都在，找到它。

第四象限，过程令人享受，收获很一般。像是没有什么追求和野心的人，他们把工作当游乐场，心态很好，松弛感有是有，但经不住细究，因为这种松感弛建立在外界力量上。一旦外界力量不可持续，他们可能连第三象限都拿不下来。没有掌控感的松弛感，容易被风轻易吹散。

3
PART 3

条条大路通罗马，两条道路通松弛感。

第一条关于过程，怎么把忍受变成享受？

第二条关于结果，怎么把线性变成复利？

我认为过程比结果更好控制，所以更推荐先顺着过程射线，把忍受变成享受；再顺着结果射线，把线性变成复利。

其实努力有回报，已经是令人欣慰的理想情况了，毕竟线性和复利已经属于有结果、好结果的象限，而生活中存在坏结果、没结果的可能性也不小。

怎么把忍受变成享受？

有三个关键节点：事前、事中、事后。

在事前这个关键节点，想到至少两点快乐的好处，去抵消一个痛苦的难处。作家马伯庸深谙此道。某日他去拔牙，发了条微博：要去拔个牙，请诸君为我击筑送别。配图是荆轲刺秦出发前高渐离击筑送别的场景。

好处1：拔牙与"风萧萧兮易水寒，壮士一去兮不复还"形成一种反差，估计他自己也忍俊不禁。

好处2：微博发出后，粉丝前来互动，鼓励他、安慰他。同为天涯拔牙人，畅谈拔牙糟心事。

在事中这个关键节点，做至少两个享受任务，去抗衡一个忍受任务。

一开始，我不喜欢做家务，为了抗衡这个需要忍受的任务，我会做一些享受任务，例如打开窗户让空气对流，打开播放列表中的心仪曲目，听一段好笑的段子，吃一个喜欢吃的美味水果。做两个享受任务不够的话，就做三个，层层加码，直到顺利做完忍受任务。

大学时，我不喜欢跑步，曾经还在跑道上昏倒过；但为了健身和缓解贫血，我会找各种享受任务来让自己跑起来，例如找好朋友一起跑，找很多有节奏感的音乐边跑边听，重点回想、反复回味跑步 10 分钟后舒畅轻盈的感觉。

在事后这个关键节点，想到两个以上的有益之处，抚平一个抱怨之处。

做完一件让我忍受的事，给自己几分钟的时间，把这件事完整定性。我一般会在这几分钟内抱怨，这个人哪里不好，这件事哪里不顺。抱怨结束后，想几个有益之处来收尾。例如，丰富了我的写作素材库，磨炼了我的心性，教会我一个道理——祸福相依，等等。

关于结果，怎么把线性变成复利？

线性，是付出一次，收获一次。

复利，是付出一次，哪怕下次少付出、不付出，也有收获，说不定收获更好、更大。

关于结果有三个重点领域：学习、工作、育儿。

在学习领域，再多干货不如一个原理。

2022 年 11 月，我们全家都生病了。两个月之后，我开始练习八段锦；练了几天后，我发现八段锦的口诀都既夸张又深奥：单举能调理脾胃，摇头摆尾能去心火。还有更让我纳闷的：五劳七伤往后瞧，背后七颠百病消。往身后瞧一瞧，劳伤都化解了，两足慢慢提起迅速放下，百病就没有了。真的有这么神奇吗？

于是我报了一个付费课程，想把八段动作的原理和核心弄懂。我最喜欢做五劳七伤往后瞧，手臂外旋能刺激各种经脉，肩胛骨往后夹的是"膏肓穴"。弄懂了原理之后，我伏案久了，就条件反射地往后夹肩胛骨，对体态和健康都有好处。

各种方法和干货乱花渐欲迷人眼，但接近原理才能少走弯路。

例如，护肤的原理是保证皮肤功能的发挥，你涂抹各种护肤品，虽是方法，但有的适合你，有的会让你过敏。过度护肤不如相信皮肤，"穷养皮肤，富养身体"。

在工作领域，你在从事主业外如果还有心有力，可以在情况允许的前提下创建自有品牌。

2014 年，我开始在网上写作。半年后，我的文章有幸被出版社看中。第一本书出版后，加印了数次。首印的稿费在出版后半年内一次性拿到，直到今年，每一年的年底我都可以领到这本书的实销稿费。五年的合约到期后，另一家出版社购买了版权，重新包装设计后出版，我又领到了一笔稿费。前段时间主编告诉我，繁体中文版和越南语版已经授权，我再次收到一笔稿费。

哪怕后来我写别的文章，出别的书，2014 年写的文章也一直在为我创造收入。

输出的方式多种多样，我比较喜欢和擅长写作，还有人喜欢并擅长说话、绘画或其他艺术性表达。找到自己喜欢并擅长的输出方式，以输出带动输入。

硅谷著名的投资人纳瓦尔·拉威康特总结，赚钱有三种杠杆——劳动力杠杆、资本杠杆，还有复制边际成本为零的产品。适合我们打工人的两种杠杆，就是劳动力杠杆和复制边际成本为零的产品。劳动力杠杆，就是把忍受变成享受，做到像巴菲特说的那样，每天跳着舞去上班。复制边际成本为零的产品，例如代码、写作、专利等。

在育儿领域，你为孩子做这做那，不如发挥孩子的主观能动性。

父亲不得不每天都提醒孩子做同样的家务，他这是在采取线性的育儿方法。

母亲把一大堆家务交给孩子去做，并且让做家务变得有趣，所以无须每天催促孩子做家务，她这是在采取复利性的育儿方法。

我女儿现在三岁，我已经开始为几年后不在书桌前过于生气而未雨绸缪，帮女儿培养兴趣爱好、培养学习习惯都是我现在的工作。

为了以后女儿的立体几何能学得轻松些，我现在经常陪着孩子搭积木、拼乐高；为了以后女儿能够做好时间管理，我们一起动手定闹钟，让她试着计划日程。

为了活出松弛感，我在事前、事中和事后这三个关键节点，尽量把过程中的忍受变成享受，在学习、工作和育儿这三个重要领域，尽量把方法从线性变成复利。

生活，还是要尽量轻松一些，这样你才会更舒心。

06-
心定四象限：
在不确定的世界里，先搞定再心定

有天我和老公去商场新入驻的咖啡店喝咖啡，店主问起我们喜欢的口味，聊着聊着就打开了话匣子。

店主告诉我们，他花了 30 多万元加盟了这个咖啡品牌，雇了 2 个人，人工费一个月 1.5 万元。现在 App 上的优惠力度大，订单量也大，预计 2 年能回本。但较大的优惠补贴力度和订单量不确定能维持多久，他更不确定这个咖啡品牌能撑多久。

喝完咖啡，在回家路上，老公说着加盟问题，而我想着人生问题。

你看，初始投资、人工成本、店租水电是确定的，但后面的优惠力度、订单量、回本年限、品牌存续等问题都是不确定的。

这像极了人生。人有生老病死、活着要钱、人会退休、育儿费心、夫妻摩擦、理财需投入本金……都是确定的。

而生病或死亡的时间和方式，理财有没有收益，工作会不会变动，夫妻每次吵架的开端、发展、高潮、结局，孩子成长好不好……都是不确定的。

老公说的话已被我处理成白噪声，此刻我的脑海里只有一条长长的横轴，左边是不确定的事，右边是确定的事。

人生中那些确定的事情，让我越想越烦躁。不确定的事情，反而给我想象空间和操作空间。

2
PART 3

这两三年，我感到茫然和焦虑。以前过惯了同比增长的生活，现在的日子我倒有点不会过了。

在充满确定与不确定的生活中，我应该如何安放自己？

一开始我想到的纵坐标是：搞定。

提升自己搞定的能力，确实是有效的外部方法。但从微观来说，个人的搞定能力存在天花板；从宏观来说，环境瞬息万变，再高的个人搞定能力，在环境面前很可能只是螳臂当车。

我每天照常上下班，正常接送娃，内心偶尔飘过一丝焦虑和不安。感觉自己能做的都做了，该读书读书，该工作工作，该结婚结婚，该生子生子……按部就班。但我不知道自己哪步会出错，人生哪一环会发生巨变。有一脚踏空的预感，却不知道哪一脚会踏空。

除了"搞定"这个武功招式，对我而言，更重要的是"心定"这个内功心法。

心定是内心的定力，是笃定、平静，甚至喜乐。

有个形象的比喻：圆规为什么可以画圆？因为脚在走，心不变。人们为什么不能圆梦？因为心不定，脚不走。

那么怎么提升并稳固内心的定力呢？

我试过多种方法，正念、心流、冥想……对我来说，这些只是局部见效，限时管用。我从亚里士多德的理论获取灵感，得到了更接近真相的答案。亚里士多德把将未来的目的放在首位的行为称为"运动性行为"，把不考虑未来的目的而专注当下的行为称为"现实性行为"。

在我以前的认知里，运动性行为令人心安，有计划性、有前瞻性，牺牲眼下乐趣，为了未来筹备；现实性行为使人沉溺，人无远虑，必有近忧，追求刹那欢愉，终是镜花水月。

亚里士多德指出，现实性行为就是"个体在当下感受到快乐和充实"这一状态"已经实现的成果"。

亚里士多德的话，勾起我关于乒乓球的回忆。

去年我参加了乒乓球团建比赛，在热身赛中，对手误以为我是高手。因为我多年没碰乒乓球了，我回想大学选修课上乒乓球老师教的握拍方式、步伐走位、身体重心、旋球打法，并严苛地照着做，过于在意形式。

正式比赛的前几个回合，我赢了一两局后，想着胜负，盯着比分，脚步乱了，失误频出，杂念纷起，最终输掉了比赛。

今年我再次参加了乒乓球比赛。我汲取上次比赛的教训，并不想赢不赢球、姿势打法，我只做一件事，那就是好好看着对方的球怎么走，还有余力的话就好好看着对方的拍怎么挥。结果由于动作和心态松弛，我超常发挥。

回忆结束后，我意识到，以达到目的为优先的运动性行为，容易使动作变形、心态走样，结果不好。而现实性行为的奇妙之处就在于，放下目的而专注于过程，因全程集中到当下，往往有如神助，收获惊喜。

但说实话，我不认为人可以在做每件事时都活在当下。最好的做法是，在重视目的的运动性行为和重视过程的现实性行为之间找到平衡。

3

PART 3

于是，我重新画了心定四象限。

横轴右边为确定的事，例如衰老、生病、死亡、退休、支出、劳作、吵架、痛苦……

横轴左边为不确定的事，例如退休富不富、身体好不好、寿命长不长、婚姻幸不幸福、孩子成不成器、收益满不满意……

纵轴上方为运动性行为，以未来为目标。

纵轴下方为现实性行为，以现在为目标。

第一象限，在确定的事上，以未来为目标，采取运动性行为。

以未来为目标——既然是目标，当然希望达成目标。有目标，有计划，有执行。

在这些事上以未来为优先级，做看似正确的事。例如，按照现代医学相对取得共识的方向养生，按照朴素的常识多为将来存钱，提早有个爱好填补退休的空白时间以及增强人生体验。

适度养生，合理储蓄，体验人生。每做一点正面积累，心里自动获得积分，攒下稳定感和安全感。

在确定的事上，要有准备。做确定的事相对而言容易让人心定，再加上准备过后带来的心定，人容易获得双重心定。

第二象限，在不确定的事上，以未来为目标，采取运动性行为。

在育儿上，你付出良多，不能保证孩子幸福到老。

在工作上，你兢兢业业，不能保证公司经营长久，给你养老。

在感情上，你诸多忍让，不能保证白头偕老。

未来是不确定的，虽然你做好了以未来好为目标的计划，但生活有它的随机性，他人有他人的意志和选择。你总想着未来，但未来如何，只代表你的一厢情愿。你很可能大喜大悲、患得患失、畏首畏尾。

第三象限，在不确定的事上，以现在为目标，采取现实性行为。

既然未来纷繁复杂、难以预料，那么它就不是有关投入产出比的问题，而是计划太多，变化太快。当以现在好为优先目标，做当下应该做的事、必须做的事和喜欢做的事时，别想着别人怎么评价，别想着结果是好是坏，尽量专注于此时此刻。

第四象限，在确定的事上，以现在为目标，采取现实性行为。

例如，你现在正在遭遇一些确定的事，如果你过度沉浸在现实中，不转移注意力，不愿意走出来，便会痛上加痛、苦上加苦。

换个角度想，以后这些现在确定的事还要经历，又何必让自己深陷于此，无法自拔？

以现在为目标，是要以现在好为基础的。如果现在不好，便不必那么极致地体验现在。

现在感到太痛苦，就给自己喘息的空间；感到太累，就让自己放松一下。

心定四象限专为泛焦虑、泛心慌的时段而设计。

很多人可能认为，因为有确定的事，所以要更享受当下；因为有不确定的事，所以要有理想信念。

我以前也这么认为，可生活和心情并没因此好转，所以我决定反过来试试。

确定的事，以未来好为目标，多起善念，多行善事，多做对事，去过有准备的人生；不确定的事，以现在好为目标，不念过去，不畏将来，心少挂碍，过活在当下的人生。

做确定的事容易心定，所以更要动起来；做不确定的事易心乱，所以更要静下来，专注当下。

做不确定的事切忌扎堆做，一个难题想好再想下一个，一件事做完再做下一件事，不要自乱阵脚。

5
PART 3

心定四象限很有效地改善了我的泛焦虑和泛心慌，每当我感到焦虑和心慌时，我就拆解让我焦虑和心慌的事，拆出其中确定和不确定的成分。

例如我第一天送女儿去幼儿园，她出门磨蹭，到幼儿园门口不想入园，抱着我哭，我狠心把她送进去，赶紧去上班。一路上，我又心疼女儿，又心烦迟到，遇到红灯我暴躁，遇到堵车我生气。

我随即想到心定四象限，上班迟到是确定的，路上的心情是不确定的。

为了未来好，为确定的事做好准备，和同事打好招呼，和客户说明情况，把迟到造成的损失降至最低。

为了现在好，为不确定的事调动五感，活在当下。但我试了，听音乐、听播客会走神，一感不够，增至两感。看视频，听觉和视觉都能用上，看了半集人物访谈节目，心情变得平静。

我经过多次实践，发现心定四象限确实有奇效。每当我感到心乱、心烦时，便找到心定四象限，它会带着我进入一间没人的温馨房间，里面散发着令我放松的香味。它用温柔且坚定的语气，引导我把脑中大军压境般的情绪，拆分成确定和不确定的成分，各自代入运动性行为和现实性行为，让我预览效果。于是我由衷地向它道谢，因为我此刻心平气和、内心笃定，我已经知道自己接下来要做什么、怎么做了。

第四章
把所有事，都变成好事

　　并不是任何事情困扰到你、侵犯到你时，我都劝你是非不分、真假不计。在大多数时候，请你勇敢捍卫自己的权利。

　　而对于剪不断理还乱的关系，一些清官都难断的家务事，建议你能改变的就改变，不能改变的就接受，用好坏大小来调整这件事在自己心里的位置和角度。这样的心理善后环节，会让接受的过程舒服很多。

01-

省钱四象限：
有时候省钱，比浪费更可怕

$$\frac{1}{\text{PART 4}}$$

有段时间，年轻同事和我聊起他无效省钱的故事。

他为了省 10 元停车费，把车停在路边，被罚 200 元；看综艺片花看得很上头，就立马充了会员，却发现好笑的片段全都已经剪在了片花里；在外面没吃完的东西，打包回家放冰箱，一周后捏着鼻子拎出来扔掉。

同事问我能不能省下钱来。我说自己每个月扣除房贷、育儿、吃穿用度，还能存点。

同事总结说，很多人省小钱吃大亏，养孩子注定要花钱；爱省的人一直会省，爱花的人会一直花；开销多还能攒下钱的人，是最懂有效省钱的。

2
PART 4

其实无效省钱、无效花钱的事，我也做了不少，但被人一吹捧，我就发誓要弄清楚到底怎样才能算有效省钱。

当谈到省钱时，我要先从两个必要端口——工作端和消费端，开始分析。

《工作，消费主义和新穷人》一书，精准地揭露了工作和消费的残酷新真相："目前全球趋势是，通过大幅度减少产品和服务寿命，以及提供不稳定的工作，将经济导向短周期和不确定的生产。"

关于工作端

2022 年东芝撤出大连，我接触到东芝的一位前中层干部，他告诉我，在失去工作后，他很难找到同等水平的工作。资本可以自动流动，但劳动力依赖本土工作谋生，当资本转移时，本地劳动力无能为力。

工作是灵活的，而市场难以提供旱涝保收的终生稳定职业。

关于消费端

产品寿命是预设的。消费的产品和服务不会一次性解决问题。

消费欲望是难免的。理想的消费，应该能立即给人带来满足感，无须准备，没有延时，满足感迅速得到，再尽快消失。

理想的消费者应该无法对任何目标保持长期关注，他们没有耐心、焦躁冲动，尤其容易激动，又容易厌倦。

为了提高消费者的消费意愿和能力，必须让他们不断接受新诱惑。市场把人们培养成消费者，剥夺了他们不受诱惑的自由，他们还要主动寻求被诱惑。我们就这样，生活在充满诱惑的巨型矩阵里。

说完工作和消费的新变化，再来看省钱。

省钱＝赚钱 – 花钱。

有效省钱＝赚钱＞花钱＝工作端的赚钱＋消费端的赚钱＞工作端的花钱＋消费端的花钱。

用四象限展开，一目了然，便于理解（见图 4-1）。

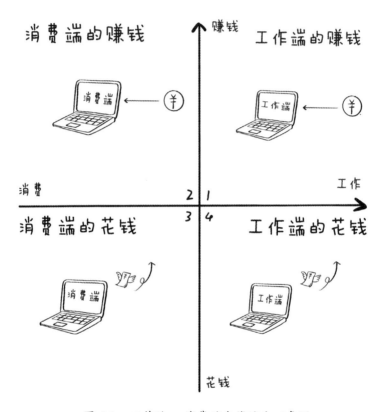

图 4-1　工作端—消费端金钱流向四象限

第一象限：工作端的赚钱。

有个名词叫"草帽曲线"，它把人生分为 3 个时期：一个人的 0~25 岁为成长期，经济依赖父母；25~60 岁为黄金期，自己赚钱生活；60 岁到死亡为养老期，靠积蓄生活。支出线像一条帽檐形状但坡度小的长曲线，而收入线则像一条帽檐形状但坡度大的短曲线（见图 4-2）。

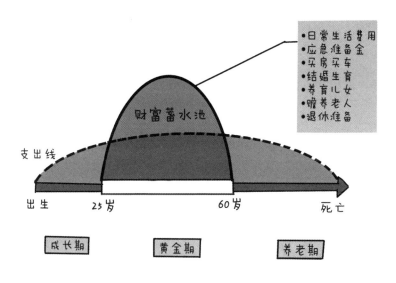

图 4-2　草帽曲线

（出自赵磊、冯潇的《四象限理财》。）

草帽曲线给我的启示是，如果我活到 80 岁，那么成长期占31%，黄金期占 44%，养老期占 25%。

也就是说，假设我每个月的工资是 1 万元，31% 花在小孩成长上，25% 用于储蓄养老。那么，我的可支配收入就是 4400 元，但这些并不能全部用于消费。赚 1 万元花 1 万元，看似月光，实则透支。

如果你的工作刚好赶上红利期，那么你要更勤奋、更珍惜。你要有防患于未然的心态，万一红利期很快就转向过剩期了，你需要有所准备。

工作中省着"用"自己。要有好心情，不和工作中的人生气；要有好身体，工作中也不忘养生。泡壶养生茶，工作半小时按摩下头皮，再工作半小时做个眼保健操。

工作只需要人的一部分精力，例如分析、执行、传达、摆平，你不需要投入太多情绪和情感，因为这与生产力的关系不大。

第二象限：消费端的赚钱。

保养身体在工作端和消费端都是最保值和增值的行为。如果要消费，健康权重大于审美和娱乐，不要长时间以健康为代价，沉溺消费带来的一时喜悦之中。

做一个明智的消费者，而不是理想的消费者，减少被诱惑的窗口，专心看会儿书，认真做点事。

每个月审视各大电商平台的全部购物订单，看看其中哪些好用、哪些能用、哪些弃用。久而久之，让自己成为一个会消费的人，以用完东西的单次使用价格和心情，作为衡量是否会消费的标准。

会利用规律。我朋友本打算"五一"假期出游，她查了机票和酒店价格后，果断在四月中旬请年假旅游。错峰游玩，省钱又省力。

我见过的比较厉害的消费端赚钱，就是一些关键意见领袖（KOL）和关键意见消费者（KOC）。他们知道自己擅长"说、写、画、演"中的哪种输出方式，利用兴趣和特长，分享消费感悟，填平信息差，自己也能从中获利。

第三象限：消费端的花钱。

以现在消费市场的成熟度，你只要随波逐流，就能把钱花出去。

我发现"互相填坑式消费"最费钱。例如，夏天要涂防晒和隔离霜，所以毛孔就容易堵，轻则在家清洁毛孔，重则去外面做清洁。防晒给毛孔"挖坑"，清洁给毛孔"填坑"。

相似的例子还有一边享受美食，一边健身减肥；一边烫染头发，一边养发育发；一边穿着清凉，一边晒后修复……

于是，我们需要不停地调适，以找到合适的平衡位。例如毛孔堵塞问题，我尝试涂抹无须卸妆的防晒霜，再加强脸部的物理防晒，我发现皮肤不仅没被晒黑，毛孔堵塞还更少了。钱省了，皮肤状态也更好，一举两得。

在消费端花钱，喜欢是本能，克制是本事。被广告牵着鼻子走是本能，只选择适合自己的产品是本事。

第四象限：工作端的花钱。

工作中的花钱行为，常因补偿和焦虑出现。

因为在工作中，我经常被气到、被累到，所以需要额外的医疗费和娱乐费作为补偿。

看到这个赚钱快，听说那个挣钱多，零基础也能赚大钱，小白也能轻松赚，不顾自己的基本面，盲目花钱培训，但没坚持，没学成，没应用，这是焦虑费。

你实际的工资，是到手的钱减去补偿费和焦虑费以后的结余。

以上，是我想到的省钱四象限。

成年人省下的钱，不仅是储蓄，更是安全感。

02-
收支四象限：
千万别当赚辛苦钱、花冤枉钱的冤大种

小学时我想不通开着进水管又开着出水管这类数学题的出题逻辑，成年后才知这是生活必然。

当消费升级遇上收入降级时，我们有必要拿出收支四象限，帮自己对号入座。

第一象限：好赚，好花。

拼尽全力，千金散尽。

处在这个象限，其实是省不下钱来的。一旦钱没那么好赚了，生活质量就会断崖式下降。

"一旦"这个词让人没有安全感，但其实这是常态，很多行业的发展和微生物的生长曲线类似，依次经历适应期、指数期、稳定期和衰亡期。

在赚钱的指数期，你可以认为钱不是省出来的，而是赚出来的。你可以认为花钱时别犹豫。放纵消费欲一段时间后，你就来到了赚钱稳定期。如果你在赚钱稳定期还继续大手大脚，胡乱挥霍，心情不好就化悲愤为食欲和购物欲，天真地认为"千金散"就能"还复来"，那么当你一旦进入赚钱衰亡期，你便可能入不敷出。

第二象限：难赚，好花。

赚辛苦钱，花冤枉钱。

赚钱如爬山，步步艰又难，花钱如流水，一去不复返。赚钱能力追不上花钱的速度，透支成为必然。极端情况是自己开始拆东墙补西墙，然后找朋友和亲人借钱。这是不能持续待着的象限，赶紧腾挪。

第三象限：难赚，难花。

赚钱不易，且花且珍惜。

深知赚钱辛苦不易，所以勤俭成性。量入而出是好习惯，但省钱不能太极端。

我曾看过一部纪录片。爸爸为了供儿子上大学，不仅省吃俭用，还去儿子大学的所在地打工。每次儿子和自己要钱，他都得向工友借钱，并且记在小本上给儿子看。儿子也用自己的方式开源节流，在校期间通过捡瓶子赚钱，同学还差几口就喝完的矿泉水瓶，他都会在旁边一直等着收瓶子。

结果，儿子的学习跟不上，也没有其他技能，不太会操作计算机，连手机都用得不熟练，毕业后也没有找到好工作。

我在大学时也曾勤工俭学，我发现，贫困容易让人陷入稀缺模式，只想着省钱，忘记了赚钱。

我们可以俭用，但最好不要省吃。我们要尽量让饮食结构科学正确，这样才能保证精力旺盛、体力充沛、头脑清晰，身体才会保持健康，不然生病又舍不得看病，会酿成大祸。

越是低谷阶段，我们越要有强壮的身体、不屈的精神，去寻觅机会，去改变命运。

第四象限：好赚，难花。

有些人喜欢上班的一个理由就是不仅能多赚钱，还能少花钱；不然闲着没事，容易冲动消费。

看着钱的净流入当然开心，但也要按比例地改善生活水平，增加休息时间。

理顺自己的金钱观。如果金钱对你来说，只是创造力和好奇心的副产品，那只能尊称你一声"偶像"；如果金钱对你来说，与不安全感、匮乏感紧密相关，那你需要好好分析一下自己的金钱观，平衡好工作和休息、事业和家庭。

2
PART 4

其实每个象限，你都能想到偏正面和偏负面的案例。这篇文章接下来的部分，分析不是重点，省钱的办法才是重点。

前几年我喜欢研究赚钱的方法，这几年开始研究省钱的办法。

（1）关于积分兑换

用在手机运营商消费的积分兑换手机话费。用户发送相应短信到各自运营商对应的号码。

微信里微信支付—支付服务—支付有优惠里可以搜集金币，兑换微信提现免费券。

在支付宝搜索框搜"积分"，进入"支付宝会员"，签到、浏览内容、做任务均可攒分，进入"积分当钱花"，可换支付宝红包、公交车红包和打车券等。

攒支付宝积分的方式基本就是签到、打卡、做任务、浏览网页、邀请好友、做游戏等，用你的眼球和停留来赚取积分。如果需要花更多时间，打断专注去签到，邀请好友留下不佳印象，为了攒积分而乱消费，那就本末倒置了。

（2）关于衣食住行

我去实体店试穿衣服时，会穿着当季最喜欢的衣服，想买的衣服必须美过身上穿的这套，才能买下来。这样更能买到喜欢且适合的衣服，显著减少置装费。最好有意识地记住几个常穿品牌的折扣季。

点外卖时，我一般会在外卖软件上收藏店铺，领取平台津贴。

我一般不会办会员卡，因为之前有过店铺倒闭维权未果的教训。我也不会一次性给会员卡充值很多钱，因为每次最后总有一点钱留在卡里，不去消费觉得不甘心，去消费又得续费。我喜欢买单次卡，一次消费，用过即抛。我一般会在周五买一两张，供周末使用，这样周末时就不必费尽心思想去哪儿玩，也不用担心逾期作废。

有次我为了买糕点排队，发现排在我前面的人一个比一个"懂行"，他们向店家展示平台优惠券和优惠码，省了不少钱。我临时去搜，果然有抵值券。

最好不要非去凑满减，像是第二件半价、满 50 打 8 折等，吃多了还得减肥。

只用一个 App，会使你的忠诚度太高，平台对你的优惠力度将降低。例如打车，我平时用 ×× 打车用惯了，有次看到 ×× 出行等打车软件，为了吸引新用户，给出诱人的优惠。我建议哪个 App 便宜用哪个。

经常寄快递或要寄的快递较多时，试试使用菜鸟裹裹商家版。我会经常送书给读者，后悔没早用菜鸟裹裹商家版下单。微信小程序搜"菜鸟裹裹商家版"，每周≥2 单或寄件次数≥2 次就可保住商家身份。首单有优惠，小程序上填好收发货地址后，工作人员便会在约定的时间段内上门取件，你直接报寄件码即可。这种方法省钱又省时，寄快递多的朋友请惠存。

（3）关于购物技巧

在网购时，你可以巧用搜索词。比如将"暖宫贴"换成"暖宝宝"，将"卸甲棉"换成"无尘纸"，将"口红收纳盒"换成"笔收纳盒"，你会发现后者比前者便宜不少。

网购的商家经常会在包裹里放张小卡片，上面写着"精致买家秀+精美视频+全五星+20字以上好评+截图发客服，可领红包"。出于好奇，我试过几次，基本都会送产品，但没有一次是直接发红包，商家通常是邀请我加入购物群，客服会在群里发很多信息，我最终失望退群，原本满意的购物体验也消失殆尽。

此外，如果要写商品评论的话，要以真实客观为主，给其他消费者有价值的参考。

以前我为了节约时间，一般不写商品评价，后来我发现，写商品评论的关键是能让自己反思复盘这次购物行为，哪怕不写评论，每个周末或每个月月底，我也会打开电商软件的全部订单，重点看本周或当月的订单，客观评价东西买得好不好、值不值。久而久之，我便能减少激情消费，变得更会筛选产品了。

我的皮肤比较敏感，所以一般都是去专柜购买护肤品。店员可以根据我的皮肤状态推荐适合我的护肤品。我还可以向店员要一些我意向产品的小样，并且加店员的微信。如果试了小样不会过敏而且效果不错，我就直接通过微信和店员购买，店员将商品寄给我即可。

（4）关于二手物品

平时使用东西的时候尽量爱惜些，这样等不用的时候可以放在二手平台出售。闲置的二手书也可以出售，你下单后会有平台合作的快递上门取件，你卖书的钱可以提现，也可以留在该平台购买二手书。

（5）关于生活习惯

要减少一次性物品的使用。以前我很爱用眼镜湿巾，擦完眼镜顺便擦手机屏幕。后来我则常去我购买眼镜的眼镜店洗眼镜，这样眼镜可以洗得更干净，店员还会帮我调整镜架。

包里常备干净、质感较好的小布袋，这样去超市买东西的时候就不用另买塑料袋了，低碳又省钱。

养成爱护东西的好习惯。我经常弄丢防晒伞、防晒面罩，总要重新买，这对我来说也是额外开支。以前我离开一个地方，会在脑子里过一遍：包包和手机拿了没？现在，我脑子里过的容量大了，变成包包、手机、口罩、伞都在不在？意识提高，东西便很少丢了。

我以前很爱给孩子买儿童玩具，这些玩具本来就不便宜，有些玩具买回来孩子也不爱玩。所以，我开始发挥想象自己动手做玩具，例如桌上保龄球（用水彩笔立起来当保龄球）；画电梯按键图（贴在门上假装坐电梯）；被子游戏（爸妈分别拉被子的两个角，形成一个包裹性很强的秋千）；创意组合现有的儿童玩具……这样一来，家长省钱了，孩子也开心了。

要有意识地记录消费明细。《成就上瘾》的作者达伦·哈迪最早因为财务出了问题，就在小笔记本上记下了30天里自己花出的每一分钱。他放弃买一些不需要的东西，这样避免了浪费，也解决了财务危机。这是最省钱的习惯。记着记着，你会反思，会改善，会计划，最后把钱省下来。

收支四象限是我所有四象限里的常用模板，遇到消费诱惑心动了、看到账单震惊了、看到余额焦虑了，我都会打开收支四象限，知道自己被困在哪里、想要去哪里。

　　这几年，我领略到开展"节约"课题的必要性，我收获了很多新知、体验和隐藏攻略，仿佛打开了新世界的大门。尝试一段时间，就能知道哪些好用、哪些没用，结合自己的习惯和性格，选出一些适合的节流方法，把钱省下来，把钱与人的关系调理得当。

03-

想到做到四象限：
积极"狠人"们，如何想到又做到

有个周末，我们一家人带着吊床，拿着餐垫，欣然前往植物园郊游。蜿蜒的小溪，成片的水杉林，我们在绿水青山间度过了一个美好的周末。

趁着家人带着我女儿在溪边欢乐踩水，我躺在吊床上，在吊床的承托和包覆中，我感到了久违的放松。空气澄澈，眼中辽阔，林间光影忽明忽暗。知了的叫声、鸟儿的歌声、树叶的摩挲声，所有声音都经过了大自然的层层过滤和回荡，极具治愈感。

我把手机锁屏，双手交叠托住后脑，悠闲地躺着，任由思绪发散。

刚开始，我的脑中有些工作、生活、人际上的琐事片段，但人间琐事在浩荡自然中很容易被风吹散。接着我慢慢沉淀，想到开心的事、想做的事。

随后，我的想法慢慢聚焦在吃上，我想起曾经在这附近吃过的一家餐厅，回忆着记忆中的口感和滋味，想到停不下来，想到直吞咽口水。

接近饭点，家人收拾好东西，一起去找那家餐厅。路上经历一场始料未及的雷阵雨，我们没处遮雨，车又难打，人均六分湿，好在雨下得快，停得也快。

我们略带狼狈地找到餐厅，人多队长。为了能早点吃上饭，我们在他家的员工休息厅里用餐。当全家人又冷又饿时，美食的惊艳程度更上一个台阶。

吃完出来，我发现地面已干，毫无雨痕，一切像场不可思议的美妙白日梦。

我和亲爱的家人一起，吃到我想吃的美食，那顿饭风味卓绝，令我久久难忘，那真是一个高质量的周末。

2
PART 4

我看过一本书，书名叫《如何想到又做到》，书名形容的状态很吸引我。但经过高质量周末后，我对"想到又做到"又有了不同的理解。

想到，是在闲暇时、独处时、清醒时、半梦半醒时，想到内心想做的事，包括但不限于想吃什么、想玩什么、想做什么、想说什么、想写什么……这些不是别人叫你做的、催你做的，而是你自己发自内心想做的。

做到，是把想到的想法落地成做到的事情，也包括对不想做的事情，克服惯性和阻碍后改良或不做。根据想法的复杂程度，可能需要目标、计划、拆解、执行、改良、落地等，也可能需要时间、金钱、人力、物力、心力等。

我忍不住画了一个"想到—做到"的四象限，横轴从左到右分别是没想到和想到；纵轴从上到下分别是做到和没做到（见图 4–3）。

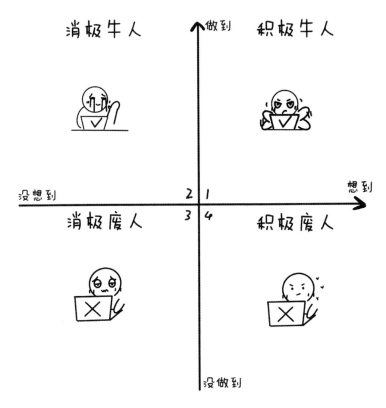

图 4-3　想到—做到四象限

第一象限：想到又做到，这属于积极牛人。

幸福感、掌控感、成就感三感合一，是我较为向往的象限。

新东方的创始人俞敏洪说过，人生有三件幸福的事：有人爱、有事做、有所期待。我觉得排在最后的"有所期待"是最重要的。小确幸也好，大愿景也罢，都是让人有精神气和驱动力的源泉。

很多自我成长书籍侧重于想到以后怎么做到，默认"想到"是自然而然又理所应当的事。我却觉得"有所期待"正在变得越来越困难。我们太忙，白天忙别人的事，晚上又在自己的时间里好奇别人的事，越来越把自己活成局外人。

我接触过一些处于阶段性抑郁情绪中的朋友，和他们聊天时我发现，他们觉得什么事情都没意思、没盼头。他们中的大多数人，能力很强、发展不错，他们不是做不好什么，而是根本不想做什么。

我处在低谷状态时，别人安排给我的事不想干，又不知道自己想干的事是什么；处在写作瓶颈时，根本不知道想写什么，而不是想到了不想写或不会写。

高质量周末启发我，人想要能想到，需要有闲暇。就像一位读者问科幻作家刘慈欣如何丰富人们的想象力，刘慈欣说："首先，你得找一份既有钱又悠闲的工作。如果你每个月从银行拿利息，在家无所事事，你的想象力肯定会丰富。整天为生计忙碌的人，想象力则不会太丰富。"

为了能想到，要有点时间，有点空闲，有点心境，有点仪式感。例如，清风作陪，溪水潺流，在大自然的作品中，任由念起，任由念落，感受心之所想。

当然，并不是所有想到的都要做到，但不妨尝试一些想起来就感兴趣，并感到兴奋和幸福的事。

很多厉害的人会专门腾出时间来思考，不做其他事，好似偷得浮生半日闲用来思考。

以前我觉得自己挺忙碌的，但当我试着刻意给自己创建一个瞎想或遐想的时间段，还是可以做到的。

我能想到很多想做的事：我想学点教育规划，想给某人一个惊喜，想换一个形象示人，想写某个故事情节……想得越多，心里越欢喜，生活越可亲。想得多了，不去做全是问题，去做了全是答案。

第二象限：没想到却做到，这属于消极牛人。

漫画《一吻定情》里的天才入江直树，智商高、体育好、长得帅，很受学校女生青睐。他做什么看似都毫不费力，得来全不费功夫。但在遇到女主之前，他活得也没多开心，因为他不知道自己喜欢什么、想学什么专业、想做什么工作。

尽管我知道人与人的智商和天赋差别很大，但我还是一厢情愿地相信，那些声称"没在学，都在玩""没努力，运气好"的学生们，一定有一些事半功倍的技巧，或者自己都没意识到的良好的学习习惯。

没有目标的好学生，能满足父母和学校的期待，但自身内驱力没被唤醒。他们被一些学者称为"优秀的绵羊"，有能力却没动力，有天赋却没抱负，掌握了成事的方法，却没有成事的热忱。

第三象限：没想到也没做到，这属于消极废人。

这一象限的人常常碌碌无为、得过且过，不抱什么期待，也不做什么努力。因为没有期待，所以失望也就变得可以忍受了。

当我陷入这个象限时，我会提醒自己想想张桂梅老师说的那句：放弃和认命是一条没有尽头的"下坡路"，请记住，在任何一个你没有察觉的时刻，包括现在，通过行动去改变命运的机会，一直都存在。

其实，很多人都会有消极废人这个阶段。当面对全力以赴后的无疾而终、对环境变化的无所适从时，你可以当一阵子消极废人，多给自己一点自我关怀的时间和空间，但不要因此而否定自己的人生。

第四象限：想到没做到，这属于积极废人。

他们可能是空想家，睡前想好千条路，早上起来走老路。

他们可能是拖延症患者，是思想上的巨人，行动上的矮子。想得太多，做得太少，尽管心态积极向上，却没有一点行动。

他们也可能是低质量勤奋者，付出了不少的努力，现实却依旧不如意。

他们还可能是浅尝辄止者，在看中一份工作的待遇或虚荣时，考证评级已经抵达努力上限，之后就没有提升了。

想到做不到，让人有些遗憾，自我效能感也将变低。

想到是一切美好的开始，关于如何做到想做的事，以下三个方法深得我心。

一是 iOIF 法，由日本作家金川显教提出，四个字母分别代表：少量输入（input）、输出（Output）、大量输入（Input）、反馈（Feedback）。先获取最基础的知识和信息，然后马上付诸行动，其间如果发现不懂或不足之处，就继续获取必要的知识和信息，最后反过来检查全过程。

二是 PDCA 法，由美国质量管理专家沃特·阿曼德·休哈特提出，如前所述，四个字母分别代表：计划（Plan）、行动（Do）、检查（Check）、改善（Act）。将工作按照以下顺序做好：做出计划、计划实施、检查实施效果，然后将成功的纳入标准，不成功的留待下一循环去解决。

三是大于下限且小于上限法。出版了 18 部畅销小说的作家莉萨说："要调整自己的节奏，如果你写得太快太多，你就会偏离主题，失去方向；而如果你不经常写，你会失去势头。每天写1000 字是一个不错的量。"同样，若你不做事，久而久之，将越来越不想做；做太多，久而久之也会越来越不想做，找到自己觉得刚刚好的度即可。

要做一件事，先别给自己太大压力，只做必要的思考和准备就尽快开始。正如史铁生说的"鲁莽者要学会思考，善思者要克服犹豫"，把目标拆成一个个小单元，分发至每天，尽量保持轻松，否则你很快就会从入门到放弃；尽量保持有趣，在过程中放大喜乐点，缩小痛苦点。等阶段性好处显现时，做事的甜头会慢慢把痛苦覆盖，使工作进入正向循环。一个人往往因为想做而去做，又因为在做中获得收益而坚持做。

04-
肯·威尔伯四象限：
我们要努力，也要会选择

经常有读者让我对他们的工作提一些建议，例如部门人际关系太复杂，自己要不要调岗？工资待遇太低了，自己要不要跳槽？自己不喜欢这行，要不要转行？在大城市打拼太辛苦，自己要不要回老家发展？

我认为自己离提供建议或意见那步相差甚远。于是，我根据读者提供的信息，把自己面临两难选择时的秘密武器——肯·威尔伯四象限教给了他们。这位肯·威尔伯，是美国知名的心理学家和整合学家。

　　肯·威尔伯四象限就是在纸上画两条垂直交叉的直线，上方代表个人，下方代表集体；左边代表内在，右边代表外在（见图4-4）。

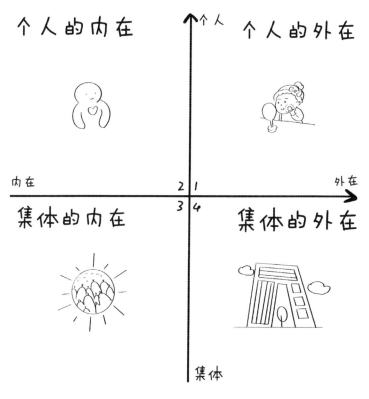

图4-4　肯·威尔伯四象限（变体）

第一象限是个人的外在，包括以下几个方面。

身体：年龄、发量、皮肤、精力、健康等。

身外之名：头衔、身份、职级、荣誉等。

身外之物：金钱、房子、车子、资产等。

行为：做事速度、数量、质量和效益等。

语言：表达的准确性、有效性、优美度等。

能力：专业、技术和经验等。

第二象限是个人的内在。

它包括能量、感觉；情绪、情感；经历、体验；信念、三观；心态、性格；格局、境界。

第三象限是集体的内在。

它指的是在家庭、学校、公司之类被肯·威尔伯称为"主体之间共同享有的空间"中人与人的关系，如亲子关系、夫妻关系、同事关系、朋友关系等。

第四象限是系统的外在。

可以将其抽象理解为地理位置、时代机会、集体意识等大环境。经常关心大趋势，会不知不觉做对选择。

我提醒读者，以上罗列出的内容较为全面，在现实生活中针对具体问题时，只需要抓住主要、相关的方面填写即可。

先画一个肯·威尔伯四象限 I，按照上述内容，尽量走心填写。

然后再画一个肯·威尔伯四象限 II，想象你调岗、跳槽、转行，换城市发展后的场景，可以上网找资料、问亲朋好友、联系同学校友，调动手头上的资源，了解新岗位、新公司、新行业、新城市的需求和现状，越具体详尽、贴近现实越好。

很多读者表示，当自己认真做功课，填写两张四象限时，答案已渐渐浮出。有人夸这四象限真是相见恨晚。

那还用说，当我走进死胡同，或走到十字路口，不知怎么选，不知怎么办，肯·威尔伯四象限给我提供一个"会选"的逻辑框架，往往让我得出一个接近最佳且很少令我后悔的答案。

2
PART 4

沉迷小说的我，总感觉来自生活又高于生活的小说，把要告诉我的道理藏在了肯·威尔伯四象限中。

有类小说在第一象限（个人的外在）挣扎，要名、要利、要钱、要美，例如《了不起的盖茨比》。

有类小说在第二象限（个人的内在）沉浮，世俗条件优越的人非要修行悟道，例如《悉达多》。

很多东亚小说盘踞在第三象限（集体的内在），婆媳关系、夫妻关系、同事关系，描述的人情社会戏剧冲突强，充满张力。

很多时代文艺作品映射第四象限（系统的外在），时代才是最大的导演，例如《大江大河》《下沉年代》。

在小说中，我经历了多重人生，把主人公安放在肯·威尔伯四象限中，仿佛见天地、见众生，而后见自己。

回归真实生活中，我摸索出我个人对待四个象限的态度，可供读者参考。

第一象限：要么奋斗，要么接受。

个人外在的内容具象化，容易刺激自己有所改变。我们漫长的人生都要与这个立身之本的象限打交道。应尽力改变能改变的，接受不能改变的。

第二象限：理论先行，实践跟上。

我是高敏感的人，心情易受自己和别人的影响，早已受够了心累的日常。

对此，我的解决方法就是"理论联系实际"。

在个人内在象限中，各种心理学、认知学、医学等知识或者小说都能起作用。但如果只看不做，那么效果便有限，当理论照进现实，我们才能加速自愈。我现在经历的内在困境并不新鲜，前人的智慧能帮助我、启发我。我也可以照着认知类书籍提供的方法调整认知，或照着心理类书籍换角度思考问题。这样做一是能转移注意力，二是能通过了解这些理论和观点，安慰、治愈自己。年纪越大，我越觉得第二象限方是核心所在。

第三象限：你若盛开，蝴蝶自来。

如果把个人外在和个人内在象限调理得当，再加上时间充足，第三象限（集体的内在）大概率也会比较和谐，这就是所谓的悦人先悦己，育儿先育己。

经营好一段关系不容易，需要我们不断学习。当个好妈妈有爱远不够；当个好领导，要有领导力；当个好妻子，得修炼智慧。做好自己，在重要关系中体悟和学习，在其他关系中开心就多聚、不开心就疏远。在一段关系里郁郁寡欢时，请你迅速回到第一、第二象限，复原后再以新姿踏入第三象限。

第四象限：顺势而为，事半功倍。

我原本是平凡的上班族，但热爱阅读和写作，哪怕只赶上互联网内容红利后期的小尾巴，我的生活也有了大变化。所以要低头干活，更要抬头看路。有时不得不承认，选择比努力更重要，选择比努力更关键。

肯·威尔伯四象限跨越了个人和集体，贯穿了内涵和外延。四个象限的叠加，几乎就是我们每个人的一生。

3

PART 4

肯·威尔伯四象限在日常生活中的适用场景广泛。

（1）助力选择

遇到如择校、择偶、选择行业、选择城市等情况时，肯·威尔伯四象限最诚实，也最懂你，它会教你收放自如、冷静睿智、纵观全局。

日本肿瘤精神科医生清水研说，每个人都拥有独自面对和解决烦恼的能力，医生最需要帮助病人发现和培养这种能力。肯·威尔伯四象限，本质上就是帮人面对问题、培养做出选择的能力。

有个朋友带我见了她男友。后来，她问我对她男友的看法。我按"个人外在—个人内在 系统内在"的顺序提问，尤其是对我没有看见的两人情绪回应、三观冲突、对方原生家庭关系等提问。我不评判她的男友，只求朋友考虑得更周全，选择更无憾。在大多数情况下，第一、第二象限不能两全，难得两全时第三象限又会出问题，我们要问清自己什么更重要、什么是不能接受的。

（2）降低内耗

内耗高时，我们往往想得多，却没想对。

在肯·威尔伯四象限的框架下想的话，便方便我们定位内耗，精准降耗。分清困扰属于哪个象限，这个象限的指导原则是什么。内耗如何定位、怎样解决，解决不了的能不能接受。如此这般，我们的内耗将越来越少。

（3）增进关系

当孩子只顾打游戏，亲子关系紧张时，不妨画个肯·威尔伯四象限，告诉自己现在只看到了孩子的外在，还需要耐心看看他的内在、关系和环境的安全感、归属感，看看他有没有被尊重、被肯定、被爱。越是重要的关系，我们越需要了解对方的肯·威尔伯四象限。

（4）现场排雷

几年前我赶上写作风口，第一象限的努力叠加第四象限的机遇，让我过得风生水起。当我快要迷失时，肯·威尔伯四象限把我拉了回来。我仿佛听到它在劝我：你的第二、第三象限濒临失守，你将陷入追求欲望的旋涡，请适可而止。

只盯着自己在意的方面，有限的带宽会让盲区增加。肯·威尔伯四象限让我定期拆掉思维里的墙，是紧急避险的报警器。

（5）人生复盘

我懒且保守，贪而谨慎，想过上更好日子，也想成为更好的自己。

在我过得顺利又顺心时，往往在四个象限里游刃有余，个人内在自洽，个人外在进步，小集体和谐，大环境向好。

在我过得不顺利时，动动个人外在、系统外在；不顺心时，调调个人内在、集体内在。

攘外安内，调兵遣将。

我与我，周旋久。经此周旋，也许我已不是从前的我。

05-
运命四象限:
好的自我养育，会让你发光

我认为，原生家庭对一个人的影响呈 M 型。

在我们出生后，父母对世界的认知、互动和解释方式，对我们的影响日趋增大。后因求学和工作离开家后，原生家庭对我们的影响力逐渐下降，但是在进入亲密关系、生儿育女后，原生家庭的影响再次浮现。

人的一生，需要经历被动养育和主动养育两个过程。

小时候，每个人都有被养育的经历，主要是由原生家庭来承担的。随着我们羽翼渐丰，我们便走上自己养育自己的旅程。

我们被养和自养的质量，关系着生活的质量。比起"命运"，我更喜欢魏晋的李康所著《运命论》中"运命"的说法，我认为"被养是运，自养才是命"。

原生家庭的条件很难改变，但我还是相信，你当像鸟儿一样飞往你的山时，一些自然条件是无法桎梏住你的，你的每一片羽毛都闪耀着自由的光辉。

原生家庭会把你托举到一个或高或低的平台，而后往哪儿飞、飞多高则取决于你的自养，自养对人的影响呈 Y 形。

2
PART 4

我想搭建一个运命四象限，横轴为"被养"，即如何被原生家庭养育，根据原生家庭养育的质量，分为正向被养和负向被养。纵轴为"自养"，即如何把自己重新养育一遍，根据自我重养的质量，分为正向自养和负向自养（见图 4-5）。

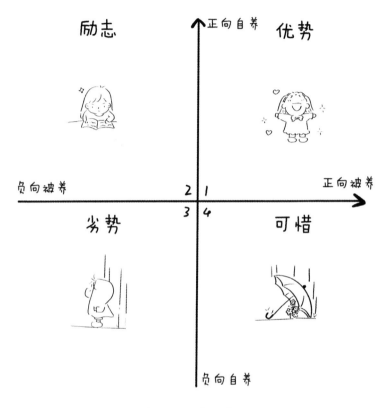

图 4-5　运命四象限

我一般不太看重坐标轴的横纵位置，反正都能两两交叉组合，但对于运命四象限，我特别强调横轴为"被养"，纵轴是"自养"，因为我想以此形象化地表达：被养诚可贵，自养价更高。

第一象限：正向被养，正向自养。这是优势象限。

以梁启超为例，他的标签不止有戊戌变法，我认为他还是最牛老爸。他的九个孩子，各个成器。

长女梁思顺是诗词研究专家；长子梁思成是近代建筑之父；次子梁思永是现代考古学家；三子梁思忠毕业于西点军校，英年早逝；次女梁思庄是著名图书馆学家；四子梁思达是著名经济学家；三女梁思懿是著名社会活动家；四女梁思宁是新四军老战士；五子梁思礼是导弹控制专家。可谓"一门三院士，九子皆才俊"。

梁启超思想超前，他在家建实验室，教儿女数理化，重视家国情怀，在外奔波也不忘给儿女们写了三四百封家书来谈人生、谈理想。

长子梁思成因北京古城即将被拆在会上失声痛哭。孙子梁从诫是中国环保事业的先驱，虽在晚年得了阿尔茨海默病，忘了很多人和事，但还记得自创的环保组织"自然之友"。梁从诫生前谈起爷爷梁启超的思想事业，父亲梁思成壮志未酬的古建筑保护事业，以及自己任重道远的环保事业时，说道："我们祖孙三代都是失败者，可是屡战屡败，仍然屡败屡战。"从他们身上，我看到良好的家风传承、父母的言传身教，会给一个人的成长带来极为积极的影响。

在正向被养中，孩子会潜移默化地学会良性沟通，习得为人处世方法，一路见多识广、耳濡目染地接受审美熏陶，在不知不觉中掌握一技之长。

若硬要鸡蛋里挑骨头，他们也有一些自养的小困难，例如父母的光环效应太强，自己需要更多的自我证明等。

第二象限：负向被养，正向自养。这是励志象限。

在职场综艺《令人心动的 offer》第五季中，有个实习生叫黄凯，听着他平静地讲述他的身世，我哭湿了好几张纸巾。

他从小跟着爷爷奶奶长大。他本科读康复医学，经过五年考研，考上了清华大学的法学研究生。

打动我的不是他的坚持，而是他呈现出来的清澈、平和和善良。

处在这个象限的人虽然起点不高，但容易被激发出"逆天改命"的动力。一个人变强大的最好方式是拥有一个想要保护的人，而自己就是那个自己最想保护的人。没人扶着，自己更要站稳；没人撑伞，自己更要快点跑。

第三象限：负向被养，负向自养。这是劣势象限。

以原生家庭的负向沟通为例，孩子被父母的语言暴力打压到性格变形。父母骂完孩子还跟孩子说"这是为你好"。如果孩子在自养中复制父母的言行，把无法控制情绪当作爱之深、责之切，那么亲密关系和亲子关系注定荆棘密布。

第四象限：正向被养，负向自养。这是可惜象限。

不是所有正面的被养，都会有令人欣慰的结果。有的父母职业体面、修养上乘，给了孩子充分的尊重和爱。他们不断学习育儿知识，一路精进自己作为父母的硬本事和软能力，但他们的孩子也可能会存在很多问题，例如缺乏驱动力、眼高手低、不懂珍惜等。

有时候看到一些社会新闻报道，有些人出生在知识分子家庭，父母是知名学者或领域名人；这些人年少有为、事业有成，但后来取得一定成绩后，开始胡作非为，甚至走上违法犯罪的道路。

3

PART 4

看完运命四象限，就有了一个关键问题——如何在原生家庭的基础上按照自己的意愿重新养好自己？下面，我将奉上"三步走"策略。

第一步：特种兵式自养，查缺补漏。

以我为例，被养和自养的要点，在我心中的前十名分别是：健康、物质、精神、体验、机会、沟通、情绪、追求、后盾和爱。

在我的被养中，偏正向的有：沟通、情绪、尊重、后盾和爱。

我无意中提到的心愿，爸妈会记在心里。我妈常对我说亲密的话，例如"你是我的心头肉""你是我的骄傲""有你这样的孩子真好"。小时候家里做家庭决议会举手投票。从小到大，爸妈几乎没有当我的面吵过架，我爸虽性格略急躁，但我妈总能笑着给他台阶下。我在其他城市发展后，有时感到累了和爸妈抱怨，他们便会说"回来吧，我们养你"。

偏负向的有：物质、精神、机会和体验。

小时候我家算收入中等偏下的工薪家庭，父母也不是什么读书人。我快毕业时，我爸为了我的工作操碎了心。

健康情况有正有负，我爸妈的作息、饮食、运动习惯多数都挺好的，当然也有不好的习惯——我爸爱抽烟喝酒，我妈性格好到损己利人，患癌后她终于开始学着表达出自己的不快，不再事事都郁结于心。

精神方面，我爸爱打麻将，我妈爱看电视，我则喜欢自己一个人阅读。虽然阅读未必能解决问题，但不阅读，连问题在哪都发现不了。

物质和机会方面，我在深圳工作时，平时工作比较忙，但我会在周末去当志愿者；而在大连工作时，节奏相对来说比较慢，于是我开始每天早起写文章。

体验方面，我上大学前，只去过一次省会城市。上大学后，我平时会打工赚钱，再加上拿的奖学金，我逢假日必出游。学校周边的城市、大学同学的家乡、高中同学的大学所在地……虽然我的预算不高，但沉浸的身心就是高质量的体验。开始写作以后，我认识了天南海北的读者，我会和他们约时间聊天，有在西雅图工作的读者、创立单身爸妈应用软件的读者、家里父亲生病苦苦坚持的读者……虽然我们素昧平生，他们却是我的眼，带我看到更广的世界。

健康方面，我重点在心态、情绪上发力，疏肝解郁，畅达情志。

虽然我对自己的原生家庭非常满意，但通过分析，我知道我的自养发力点要快准狠地从负向被养开始。

然后，我还会"查漏补缺"，父母以前常夸我聪明，那我现在就多夸自己努力。

对于负向被养程度较高的朋友，查漏补缺难度比较大，但维特根斯坦说的好："杂草四处蔓延时，地下的部分盘根错节。"难题也一样，为了解决难题，我们甚至要发展一个崭新的人格。

第二步，精细化自养，发展潜能。

"特种兵"式的自养，把被养的缺补上，把被养的坑填平，赶紧开始第二步——精细化自养，发挥自己的天赋和潜力。

我的身边有很多妈妈给孩子报各种兴趣班，希望孩子能把兴趣转化为特长。而对我这一代人来说，发现兴趣并转化为特长的这个行动基本要自己来做。

接下来的重中之重来了——我们要找到在这个世界上，自己能做什么、想做什么，什么事能做出自己的风格。对我来说，最适合我的事就是写作。

把自己喜欢的事情做好后，你在原生家庭欠缺的安全感、自信心、底气，将奔涌而来。

第三步，翻转被养，找到新解释。

前两步就像贪吃蛇游戏中的贪吃蛇一样，它们大口大口地吃掉负向被养的地盘，这时你已经是自己的原生家庭了。如果你还有余力，可以尝试与原生家庭和解。

　　成名后的女主持人，哭诉小时候自己照个镜子就会被父亲训斥："你再怎么照镜子也不会变美，还不如多读点书。"现在也可以把解释翻新为：她的爸爸为她的内在美，打下了坚实的基础。

　　成名后的钢琴家，回忆小时候有次钢琴没弹好被父亲责骂，而且还是当着一群外国学生的面，窘迫的他回击父亲"你太可怕了"。现在也可以解释为：他爸爸之所以严苛，是为了帮助他追求卓越。

　　在这步，我推荐使用的句型是"虽然……但是……"。

　　虽然父母总是为鸡毛蒜皮的事而吵得不可开交，但他们教会我一件事：无关紧要的事情，宁可输，也不要为了赢而付出太多。

　　虽然我妈总会跟我抱怨，例如抱怨"这种事为什么会发生在我身上"，但这启发我换个想法，对一件事的看法要换成"这件事想教我什么"，然后可以发现很多事都在好起来。

　　虽然小时候父母总要求我听话，但我从那时起便开始善于找到让别人开心又不委屈自己的做法。

　　当然，什么样的父母都有，如果你真的无法释怀，也没必要勉强自己。但对于普通父母，我们要试着为父母找一些开脱的理由，学会换位思考，这样自己也会开明一些。

4
PART 4

十多年前，我到千岛湖旅行，有道菜是一鱼三吃，就是一条大鱼，有三种吃法——奶汤鱼头、香煎鱼尾、红烧鱼身。

这个运命四象限，我觉得也有三种"吃"法。

第一种是煮汤，就是感性地、粗糙地、混沌地在四象限中定个位，找到目前的所在地和将来的向往地，对自己有整体的把握。

第二种是香煎，就是切割问题，逐一解决。香煎最重视火候，该下锅下锅，该起锅起锅，若煎老了，你将持续沉溺于原生家庭的泥潭，耽误自养的宝贵时间。

第三种是红烧，加入料汁，加工记忆。父母在养育你的过程中，没有功劳也有苦劳，就算方法不对但初心很好。若心结解不开，则干脆打个蝴蝶结吧。

成年人，解决很多问题都可以是"算了"，但解决自己的问题一定要"没完"。

06-

意难平四象限：
把所有事，都变成好事

1

PART 4

某天中午聚会，本来主题是欢迎女同事产假归来，结果聚会主题逐渐变成了她对婆婆的吐槽大会。

她的婆婆干活不多，存在感很强；在儿媳妇面前强势，在儿子面前弱势。儿子在家吃，她婆婆就做得特别丰盛；儿子要加班，索性粗茶淡饭。

在场的同事，如果指出她婆婆确实有问题，她便会点头；如果点出是她老公沟通不到位，她则本能反驳："我婆婆不好，但老公是真不错。"然后还要为老公美言几句。

听着女同事谈论婆媳关系，我听出了她的愤愤不平。我对于愤愤不平的事情，习惯性分别安置到按大小和好坏区分的四象限中——这是小事、大事、好事，还是坏事？

我猜想女同事应该是想把婆媳矛盾，同时放在大事和好事的区间。

之所以是大事，是因为半年没见，她对工作、同事、领导的变化兴致缺缺，她也没有给我们讲述生孩子的经历，没有给我们看小孩的照片。她的主线只有一条，就是吐槽婆婆，她老公、爸妈、孩子都只作为主线推进中顺带提到的分支点。

之所以是好事，是因为她育儿需要帮手。婆婆大拆大建，她虽被帮到，但也被气到，不如让老公来做一部分决策。当她主动搜集老公的好时，夫妻关系也会越来越好。孩子很小就被送到幼托班，公婆安享晚年，节假日偶尔三代同堂，家里大事小情夫妻多合作解决。

2
PART 4

把婆媳问题当成好事，这种想法很妙。

万维钢说，世界上有两种思维：一种是科学家思维，根据论据，推导出结论；另一种是律师思维，拿到论点，再去找素材。

女同事对婆婆的思维属于科学家思维。因为在她身心交瘁时，婆婆没有善待她，所以她觉得婆婆不是好婆婆；因为她辛苦学来的现代育儿法得不到婆婆的重视，所以婆婆不是好奶奶；因为婆婆明知儿媳和儿子要相伴一生，却给夫妻的关系制造许多障碍，所以婆婆不是好妈妈。

但她对老公的思维又属于律师思维，她认为"老公没问题，老公做得好"，于是她找了很多支持观点的素材，例如老公勤做家务、爱陪娃玩、为了自己向公婆讨公道。如果沟通有效，那是老公情商很高；沟通无效，那是婆婆油盐不进。

把婆媳关系转化为家庭外部矛盾后，夫妻催生出一种共同攻坚克难的战友感。女同事那力求证明老公没问题的思维和力求证明婆婆有问题的思维，形成一股向上的力量，在不知不觉中契合了一种"夫妻关系＞亲子关系＞爸妈公婆"的良性序列，也顺便避开了"焦虑的妻子＋强势的婆婆＋懦弱的老公＋无存在感的公公"的家庭模式。

3

PART 4

站在旁观者的立场，我希望女同事把婆媳矛盾当作一件小事。

其实，她已经在这么做了。在个人层面，她觉得婆媳矛盾是大事，但在家庭层面，她没有把矛盾继续扩大化，至少她没有把老公也拖进婆媳矛盾的旋涡。

家庭治疗师莫瑞·鲍恩提出了"三角理论"，即在一段二人关系里，当双方无法处理问题和矛盾时，会很自然地利用第三方，来缓解双方情绪的冲击。莫瑞·鲍恩认为，关系有问题的夫妻，会利用孩子作为第三方；孩子是桥梁，是武器，却不是自己。同样的理论可以迁移到婆媳关系上，婆媳有问题，利用老公作为第三方，老公也可怜。

她在个人层面接受不了婆媳矛盾的冲击后，就以空间（尽量不住在同一个屋檐下）和时间（尽量不要长时间相处）作为缓冲带，让自己和婆婆及其他家庭成员都慢慢接受家里添丁的事实，从容应对家里添丁的挑战。

一个妈妈会渐渐明白，有孩子后，需要所有家庭成员都来爱这个孩子，而非让孩子看到家庭成员之间爆发矛盾。

畅销书作家庄雅婷说，"仅仅跟婆婆争吵是没有用的，当你在挑战一种思维模式，一种时代烙印，一种情感缺失，一种生活方式，一种强烈的不安全感时，你几乎不可能赢"。

既然不会赢，就不要战。时间那么宝贵，精力那么稀缺，有跟婆婆争吵的功夫，陪孩子看本绘本多好，研究经手的业务多好，和爱人看部轻松喜剧多好，呵护自己多好……

让自己心感喜乐、升职加薪，亲子亲密，夫妻甜蜜。自己有很多大事在身，相较之下，婆媳关系真的是件小事。

4
PART 4

其实任何一件事，只要你愿意，都可以发展出好事、坏事、小事、大事。

婆媳矛盾是大事吗？可以是。被婆媳矛盾困住了，每天争吵，无休无止。亲子关系不顾了，婚姻也不想要了。

婆媳矛盾是小事吗？也可以是。管好自己，尊重对方，相处有边界；少抱期望，少提要求，多看优点，多赞美。

婆媳矛盾是坏事吗？当然是。婆媳矛盾弄得全家鸡飞狗跳、冲突不断，令人想起来就心烦，下班了也不想回家。

婆媳矛盾是好事吗？也可以是。婆媳矛盾能让你更明白别人，也更懂自己。合力解决矛盾后，家庭会更有凝聚力，更有幸福感。

事情是发展而成的。你应该把陷在婆媳矛盾里的精力和能量，用来巩固夫妻关系，增进亲子关系，珍惜父母对自己独一无二的爱，提升自己的实力。把耗在夫妻关系里的绳子丢掉，走向对方，站在一起；相互合作，解决问题，团结一切可以团结的力量。

其他矛盾，大抵如此（见图 4-6）。

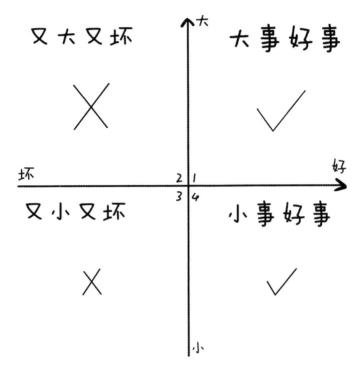

图 4-6　矛盾划分四象限

刚开始，一件坏事迎面而来，让你愤愤不平：为什么这么伤害我？为什么我这么倒霉？你的眼里只有这件事，你看到的是这件事坏的一面、糟糕的一面。你看不惯，气不顺，意难平；你咽不下这口气，过不了这道坎。

但我们有时间这个魔术师，它可以把眼前的这件事拿远一点，选择一个合适的位置摆在那里；它还可以把这件事当颗球一样左右转动，然后选择一个好坏适中的角度，定在那里。

结合四象限来说，一开始在第二象限，这是件大坏事，但当它抵达第四象限后，不管你先缩小再定性，还是先优化再缩小，它都会变成一件又小又好的事，减少占用你的情绪内存和阴影内存。留下有益的记忆也好，教训也好，它会使你的双手可以多接礼物，少接垃圾。

并不是任何事情困扰到你、侵犯到你时，我都劝你是非不分、真假不计，在大多数时候，请你勇敢捍卫自己的权利。

而对于剪不断理还乱的关系，一些清官都难断的家务，建议你能改变的就改变，不能改变的就接受，用好坏大小来调整这件事在自己心里的位置和角度。这样的心理善后环节，会让接受的过程舒服很多。

我想把所有事，都变成好事。